装配式建筑建造系列教材

装配式建筑施工组织设计和项目管理

主　编　王颖佳　　黄小亚

副主编　向会英　　彭　闯

参　编　张　林

主　审　范幸义

西南交通大学出版社

·成　都·

图书在版编目（ＣＩＰ）数据

装配式建筑施工组织设计和项目管理 / 王颖佳，黄小亚主编. 一成都：西南交通大学出版社，2019.8（2024.1重印）

装配式建筑建造系列教材

ISBN 978-7-5643-7127-2

Ⅰ. ①装… Ⅱ. ①王… ②黄… Ⅲ. ①建筑施工 – 施工组织 – 设计 – 高等学校 – 教材②建筑施工 – 项目管理 – 高等学校 – 教材 Ⅳ. ①TU721.1②TU712.1

中国版本图书馆 CIP 数据核字（2019）第 199877 号

装配式建筑建造系列教材

Zhuangpeishi Jianzhu Shigong Zuzhi Sheji he Xiangmu Guanli

装配式建筑施工组织设计和项目管理

主　编／王颖佳　黄小亚　　　　责任编辑／姜锡伟

封面设计／吴　兵

西南交通大学出版社出版发行

（四川省成都市金牛区二环路北一段 111 号西南交通大学创新大厦 21 楼　610031）

发行部电话：028-87600564　028-87600533

网址：http://www.xnjdcbs.com

印刷：成都中永印务有限责任公司

成品尺寸　185 mm×260 mm

印张　13　　字数　325 千

版次　2019 年 8 月第 1 版　　印次　2024 年 1 月第 3 次

书号　ISBN 978-7-5643-7127-2

定价　38.00 元

前　言

随着建筑行业的转型、升级，在建筑产业现代化发展的新形势下，为实现建筑四个现代化——建筑信息化（BIM 技术）、建筑工业化（装配式建筑）、建筑智能化（测量机器人和测量无人机）、建筑网络化（基于互联网 + 手机 APP 施工质量控制）目标，土木建筑类相应专业将进行专业结构调整、专业转型以适应现代建筑产业化的发展需求。

本书以"应用型和管理型"建筑工程施工现场专业人员的培养为目标，编写时力求"以应用管理为目的，以重点突出为原则"，系统地介绍装配式建筑施工组织设计和项目管理两个方面的内容，并辅以详细的案例进行说明。

本书可作为高等职业院校、成人高校及民办高校建筑工程技术、工程管理和工程造价、工程监理等专业的教材，也可供相关的工程技术人员参考。

本书的第 1 章、第 2 章、第 5 章、第 6 章、第 8 章由重庆房地产职业学院土木工程学院的王颖佳教师编写；第 3 章由重庆房地产职业学院土木工程学院的黄小亚教师编写；第 4 章由重庆房地产职业学院土木工程学院的彭闯教师编写；第 7 章由重庆房地产职业学院土木工程学院的向会英教师编写。全书由重庆房地产职业学院土木工程学院的王颖佳教师统稿，由重庆房地产职业学院土木工程学院的院长范幸义主审。

本书在编写过程中听取和采纳了深圳立得屋住宅科技有限公司的张林工程师的意见，在此，谨向他表示衷心的感谢！此外，在编写过程中，编者参阅了大量参考文献，在此对原作者表示感谢。

由于编者的水平有限，书中的疏漏和不足之处在所难免，敬请读者谅解，恳请读者批评指正。

编　者

2019 年 3 月

目　录

1 装配式建筑施工组织设计概论

在编制装配式建筑施工组织设计前，编制人员应仔细阅读设计单位提供的相关设计资料，正确理解设计图纸和设计说明所规定的结构性能和质量要求等相关内容，并结合构件制作和现场的施工条件以及周边施工环境做好施工总体策划，制定施工总体目标。编制装配式建筑施工组织设计时应重点围绕整个工程的规划和施工总体目标进行编制，并充分考虑装配式建筑结构的工序工种繁多、各工种相互之间的配合要求高、传统施工和预制构件吊装施工作业交叉等特点。

1.1 装配式建筑施工组织设计编制主要内容

装配式建筑施工组织设计大纲的编制，除应符合现行国家标准《建筑工程施工组织设计规范》GB/T 50502 的规定外，还至少应包括以下几个方面的内容。

（1）工程概况。

工程概况中除了应包含传统施工工艺在内的项目建筑面积、结构单体数量、结构概况、建筑概况等内容外，同时还应详细说明该项目所采用的装配式建筑结构体系、预制率、预制构件种类、重量及分布，另外还应说明该项目应达到的安全和质量管理目标等相关内容。

（2）施工管理体制。

施工单位应根据工程发包时约定的承包模式，如施工总承包模式、设计施工总承包模式、装配式建筑专业承包模式等不同的模式进行组织管理，建立组织管理体制，并结合项目的实际情况详细阐述管理体制的特点和要点，明确需要达到的项目管理目标。

（3）施工工期筹划。

在编制施工工期筹划前应明确项目的总体施工流程、预制构件制作流程、标准层施工流程等内容。总体施工流程中应考虑预制构件的吊装与传统现浇结构施工的作业交叉，明确两者之间的界面划分及相互之间的协调。此外，在施工工期规划时尚应考虑起重设备、作业工种等的影响，尽可能做到流水作业，提高施工效率，缩短施工工期。

（4）临时设施布置计划。

除了对传统的生活办公设施、施工便道、仓库及堆场等布置外，施工单位还应根据项目预制构件的种类、数量、位置等，结合运输条件，设置预制构件专用堆场及运输专用便道。堆场设置应结合预制构件重量和种类，考虑施工便利、现场垂直运输设备吊运半径和场地承载力等条件；专用便道布置应考虑满足构件运输车辆通行的承载能力及转弯半径等要求。

（5）预制构件生产计划。

预制构件生产计划应结合准备的模具种类及数量、预制厂综合生产能力安排，根据施工现场总体施工计划编制，并尽可能做到单个施工楼层生产计划与现场吊装计划相匹配，同时在生产过程中必须根据现场施工吊装计划进行动态调整。

（6）预制构件现场存放计划。

施工现场必须根据施工工期计划合理编制构件进场存放计划。预制构件的存放计划既要保证现场存货满足施工需要，又要确保现场备货数量在合理范围内，以防存货过多占用过大的堆场，一般要求提前一周将进场计划报至构件厂，提前 2～3 d 将构件运输至现场堆置。

（7）预制构件吊装计划。

预制构件吊装计划必须与整体施工计划匹配，结合标准层施工流程编制标准层吊装施工计划，在完成标准层吊装施工计划的基础上，结合整体计划编制项目构件吊装整体计划。

（8）质量管理计划。

在质量管理计划中应明确质量管理目标，并围绕质量管理目标重点，针对预制构件制作和吊装施工以及各不同施工层的重点质量管理内容进行质量管理规划和组织实施。

（9）安全文明管理计划。

在安全文明管理计划中应明确其管理目标，并围绕管理目标重点，开展预制构件制作和吊装施工以及各不同施工层的重点安全管理研究，进行安全与文明施工管理规划和组织实施。

1.2　装配式建筑施工总体工期筹划

采用装配式建筑结构施工的项目，在施工工期筹划时应事先明确预制构件的制作与运输以及预制构件吊装施工等关键工序的工艺流程和所需要的时间，并在此基础上进行施工总体工期的筹划。

装配式混凝土结构施工的总体工艺流程如图 1-1 所示。施工总体工期与工程的前期施工规划、预制构件的制作以及预制构件的吊装和节点连接等工序所需要的工期是密不可分的。施工管理者、设计人员和构件供应商三者之间应密切配合，相互确认才能充分发挥装配式混凝土结构在工期上的优势。

1.2.1　工程前期筹划工期

在筹划施工总体工期时必须考虑工程施工计划编制所需要的时间，也即工程前期筹划时间。

工程施工计划编制时应考虑的内容包括：

（1）预制构件吊装及节点连接方式。

（2）预制构件的生产方式。

（3）水电管线和辅助设施图。

（4）预制构件制作详图。

（5）预制构件制作模板设计与制作等。

图 1-2 所示为从取得设计单位提供的施工图设计的图纸后，开始对预制构件制作详图设计到预制构件吊装开始的标准工期示例。图 1-3 所示为预制构件制作详图深化设计的标准工期示例。如图所示，工程前期筹划时间一般需安排 5 个月，考虑到与构件制作和现场施工工期上

的作业交叉，对总体工期的影响可考虑为1个月。

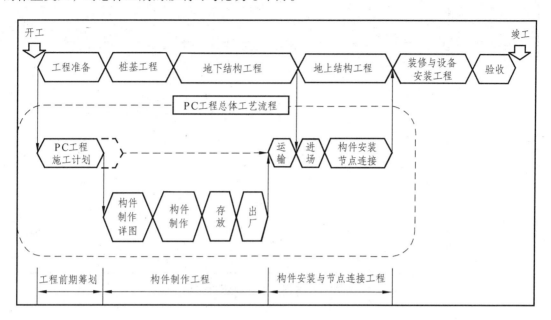

图 1-1　装配式混凝土结构施工的总体工艺流程

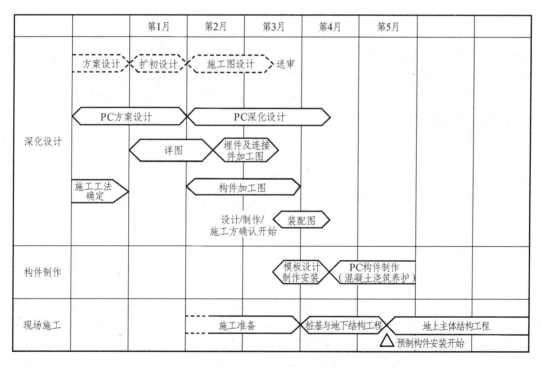

图 1-2　预制构件详图深化设计至吊装施工的标准工期示例

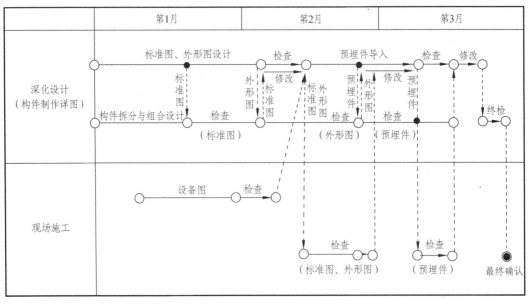

图1-3 预制构件详图深化设计标准工期示例

1.2.2 预制构件制作工期

预制构件制作环节的工期指的是针对所有预制构件从第一批开始生产至最后一批完成所需要的全部时间。该工序的工期应根据"预制构件生产计划"进行编制。此外，在制定预制构件的生产计划时，应充分考虑构件厂的生产方式、生产能力、场地存放规模，施工现场临时堆放场地的大小和预制构件吊装施工进度等因素，科学、合理地进行规划。

一般而言，无论是采用固定台座生产线还是机组流水线的制作方式，预制构件的生产制作工期的规划一般都以1 d为一个循环周期。固定台座生产线法一个循环周期一般只能制作一批构件，考虑到受生产条件与施工工期等因素的制约，有时也采用2 d作为一个循环周期。而机组流水线法，可根据不同的预制构件种类，一个循环周期可生产多个批次的预制构件。但无论循环周期长与短，应尽可能做到有计划地均衡生产，提高生产效率和使资源利用最大化。图1-4为采用固定台座生产线法单个循环周期的预制构件标准生产工艺流程。

1.2.3 预制构件吊装施工工期

预制构件吊装施工工期应根据"预制构件吊装计划"进行编制，并基于标准层楼层的吊装施工工期进行筹划。表1-1所示为框架结构标准层施工工期以及整个施工过程中各类工种的配合以及所对应的起重设备使用情况的示例。标准层施工中包括了现浇混凝土施工临时设施等附属设施的施工等所需要的时间。标准层施工的时间一般可设定为7 d，但通过增加劳动力和施工机械设备的投入以及合理的组织，也能实现5 d施工一层楼面的能力。但值得注意的是，现场吊装施工工期的筹划应在满足工程总体工期的前提下，尽量做到人力和施工设备等的合理匹配，同时应考虑其经济性和安全性。各楼层的施工工期应尽可能做到均衡作业，以提高现场工作人员和起重设备等的使用效率、降低施工成本、加快施工工期。

实训 1

1. 在编制装配式建筑施工组织设计大纲时，除应符合现行国家标准《建筑工程施工组织设计规范》GB/T 50502 的规定外，至少还应包括哪些方面的内容？

2. 工程施工计划编制时应考虑的内容包括哪些？

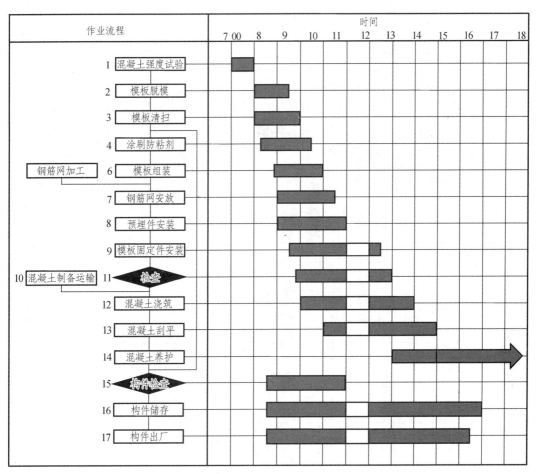

图 1-4 构件制作单个循环周期主要工艺流程及时间分配标准示例

表 1-1 预制装配式结构标准层施工工期示例（框架结构）

株楼	施工层	第1天	第2天	第3天	第4天	第5天	第6天	第7天
第M层	N+1层	搭脚手架						
	N层	测量放样；预制柱安装；预制梁安装	梁板板安装	叠合梁钢筋加工；楼板支撑系统安装；支撑系统起吊	节点灌浆；预制楼板安装	叠合梁钢筋吊装；叠合楼钢筋吊装；预制楼梯安装	模板缝施工；管线安装	混凝土浇筑
	N-1层	搭脚手架；梁模板安装						
	N-2层	搭脚手架						

配合工种

操作工种	第1天	第2天	第3天	第4天	第5天	第6天	第7天
操作工及混凝土工	操 操						
模板工	模 模	模 模	模 模	模 模	模 模	模 架	
钢筋工		模	钢 钢	钢 钢	钢 钢		
安装测量工	P P P P	A	B B B B	P A A A	P P B B	B B	B B

吊车作业

作业	第1天	第2天	第3天	第4天	第5天	第6天	第7天
预制构件	A A A A	A A A A	B B B B	A A A A	B B B B	B B B B	
模板							
脚手架	A	B					
收尾材料							

2 装配式混凝土结构施工组织设计

本章以长阳半岛一期 11-4#楼工程为例，介绍装配式混凝土结构住宅楼的施工组织设计。

2.1 工程概况

该项目为北京中粮万科长阳半岛项目一期 11-4#楼总承包工程，位于北京市房山区长阳镇起步区 1 号地。总建筑面积 53 189 m²，共 6 栋，其中混凝土装配式住宅楼 4 栋，地下车库 2 栋。住宅楼共 9 层，主要受力结构采用现浇混凝土施工。结构内筒体及部分重要部位的墙体采用现浇混凝土施工，现浇范围包括核心筒墙体、楼板（叠合板预制）、内部承重墙、外墙边缘节点。预制部分包括楼梯梯段、外墙墙体、阳台板及飘窗。预制墙板和现浇墙体、暗梁、暗柱等通过加大的现浇节点（边缘构件）连接成整体，穿楼板钢筋采用灌浆套筒锚入上层墙板的下部，墙板左右两侧预留 U 形钢筋锚入现浇混凝土结构中。

工程外墙（含装饰面）、梯段板、飘窗、阳台板、楼层叠合板、阳台装饰板均为预制结构，现场吊装装配；内墙、楼梯间墙体采用现浇混凝土施工。

2.2 确定施工部署

施工部署是对整个建设工程项目进行的统筹规划和全面安排，主要解决工程施工中的重大战略问题。施工部署的内容和侧重点，根据建设项目的性质、规模和客观条件不同而有所不同。一般包括以下内容：

2.2.1 工程项目的施工程序

工程项目的施工程序是指建设工程项目很大时，根据工程项目总目标的要求，确定工程分期分批施工的合理开展顺序，也就是要对各单项工程或单位工程的开竣工时间、施工队伍和相互间衔接的有关问题进行具体明确的安排。

在确定工程项目分期分批的开展顺序时，应考虑以下几点因素：

（1）分期分批施工的工程项目的工期，必须满足工程施工合同的总工期要求。如果编制施工组织总设计时没有签订工程合同，则应保证总工期控制在定额工期内。在这个大前提下来确定工程的合理施工程序。这样，既可以使每一具体项目迅速建成，尽早投入使用；又可在全局上取得施工的连续性和均衡性，以减少暂设工程数量，降低工程成本，充分发挥项目建设投资的效果。

（2）各类项目的施工应统筹安排，保证重点，首先考虑影响全局的关键工程的合理施工顺序，确保工程项目按期完工。一般情况下，应优先考虑的项目是按生产工艺要求，须先期投入生产或起主导作用的工程项目；工期长、技术复杂、施工困难多的工程，应提前安排施工；急需的或关键的工程、可供施工使用的永久性工程和公用基础设施工程（包括水源和供水设施、排水干线、铁路专用线、卸货台、输电线路、配电变压所、交通道路等）应先期施工和交工；在生产上先期使用的机修、车库、办公楼或宿舍楼等工程应提前施工和交工；等等。

（3）遵循"先地下后地上""先深后浅""先干线后支线"的原则进行安排。

（4）安排施工程序时，应注意工程交工的配套，以使建成的工程能迅速投入生产或交付使用，尽早发挥该部分的投资效益。这一点对于工业建设项目尤为重要。一般大型工业建设项目（如冶金联合企业、化工联合企业等）都应在保证工期的前提下分期分批建设。这些项目的每一个车间都不是孤立的，它们分别组成若干个生产系统，在建造时，需要分几期施工。各期工程包括哪些项目，要根据生产工艺要求、建设部门要求、工程规模大小和施工难易程度、资金状况、技术资源情况等确定。同一期工程应是一个完整的系统，以保证各生产系统能够按期投入生产。例如，某大型发电厂工程，由于技术、资金、原料供应等，工程分两期建设。一期工程安装两台 20 万千瓦国产汽轮机组和各种与之相适应的辅助生产、交通设施及生活福利设施。建成后投入使用，两年之后再进行第二期工程建设，安装一台 60 万千瓦国产汽轮机组，最终形成 100 万千瓦的发电能力。

（5）施工程序应当与各类物资供应、技术条件相平衡并合理利用这些资源，促进均衡施工。

（6）施工程序必须考虑自然条件（水文、地质、气候）的影响，应尽量避免将工程安排在不利于其施工的季节。例如，大规模土石方工程及深基础施工一般要避开雨期施工，寒冷地区的房屋施工应尽量在入冬前封顶，以便在冬期进行室内作业和设备安装。

（7）施工程序必须考虑安全生产的要求。在安排施工顺序时，必须力求各施工过程的衔接不会产生不安全因素，以防安全事故的发生。

2.2.2 主要工程项目施工方案的确定

施工组织设计中要拟订一些主要工程项目的施工方案。这些项目通常是建设工程中工程量大、施工难度大、工期长、对整个建设项目的总工期起主要控制作用的建筑物或构筑物，以及全场范围内工程量大、影响全局的特殊分项工程。

拟订主要工程项目施工方案，是为了进行技术和资源的准备工作，同时也为了保证施工的顺利开展及合理布置施工现场。由于选用的施工方法和施工机械不同，可编制出不同的方案，从中选择最佳方案付之实行。方案解决了，就基本上规定了整个工程施工的进度、人力和机械的需要量、人力组织、机械的布置与运用、工程的质量与安全、工程成本、现场 状况等。

工程项目施工方案的主要内容包括确定其施工方法、施工工艺流程、施工机械设备等。

正确地选择施工方法是确定施工方案的关键。各个施工过程都有若干可行的施工方法，应根据工程的具体情况选择一种最先进、最可行、最经济的施工方法。

选择施工方法的依据主要是：

（1）工程特点。工程特点主要指工程项目的规模、构造、工艺要求、技术要求等方面的特点。

（2）工期要求。要明确工期是属于紧迫、正常、充裕三种情况中的哪一种。

（3）施工组织条件。施工组织条件主要指气候等自然条件，施工单位的管理水平和技术装备水平，项目所需设备、材料、资金等供应的可能性。

合理选择施工机械也是合理组织施工的关键，它与正确拟定施工方法是紧密联系的。施工方法在技术上必须满足保证工程质量、提高劳动生产率、充分利用施工机械的要求，做到技术上先进、经济上合理。施工方法一旦确定，机械设备选择就只能以满足施工方法的要求为基本依据，而正确选择好施工机械能使施工方法更为先进、合理。因此，施工机械选择得好坏，很大程度上决定了施工方案的优劣。选择施工机械时，既要考虑各种机械的合理组合，又要从全局出发统筹考虑。施工机械的合理组合是指主导机械和辅助机械在台数和生产能力上相互适应，以及作业线上各种施工机械相互配套的组合，这是考察选择的施工机械能否发挥效率的重要问题。从全局出发选择施工机械，是指从整个建设项目考虑施工机械的使用，而不仅仅从某一个单项工程来考虑。例如挖土机械的选择，如果要在几个工程上连续使用，则宜按最大土方量的需要选定挖土机，虽然成本偏大，但总的看则是经济合理的。

2.2.3 施工机构的组成和任务分工

（1）应首先明确施工项目的管理机构、体制，建立施工现场统一的组织领导机构及其职能部门。

（2）划分各参与施工单位的任务，明确各承包单位之间的关系，确定综合的和专业的施工队伍，明确各施工队伍所负责的施工项目和开竣工日期。

（3）划分施工阶段，确定各单位分期分批的主导项目和穿插项目。这是指在一个工程项目中，根据生产经营的要求，明确重点工程施工的先后次序，对工程量较小的次要建筑物，可作穿插项目来调整主导项目快慢节奏。

2.2.4 编制施工准备工作计划

施工准备工作是顺利完成项目建设任务的一个重要阶段，必须根据施工开展程序和主要工程项目施工方案，从思想、组织、技术和物资供应等方面做好充分准备，并做好施工项目全场性的施工准备工作计划。

2.3 设计施工总平面图

2.3.1 施工总平面图设计的原则

施工总平面图设计的原则是平面紧凑合理，方便施工流程，保证运输通畅，降低临建费用，便于生产生活，保护生态环境，保证施工安全可靠。

（1）平面紧凑合理是指少占农田、减少施工用地，充分调配各方面的布置位置，使其合理有序。

（2）方便施工流程是指施工区域的划分应尽量减少各工种之间的相互干扰，充分调配人力、物力和场地，保持施工均衡、连续、有序。

（3）保证运输畅通是指合理组织运输，减少运输费用，保证水平运输、垂直运输畅通无阻，保证不间断施工。

（4）降低临建费用是指充分利用现有建筑作为办公、生活福利等用房，尽量少建临时性设施。

（5）便于生产生活是指尽量为生产工人提供方便的生产生活条件。

（6）保护生态环境是指施工现场及周围环境需要注意保护，如能保留的树木应保留，对文物及有价值的物品应采取保护措施，对周围的水源不应造成污染，垃圾、废土、废料不随便乱堆乱放等，做到文明施工。

（7）保证安全可靠是指安全防火、安全施工。

2.3.2 施工总平面图设计的依据

（1）设计资料：包括建筑总平面图、地形地貌图、区域规划图、建设项目范围内有关的一切已有的和拟建的各种地上、地下设施及位置图。

（2）建设地区资料：包括当地的自然条件和经济技术条件、当地的资源供应状况和运输条件等。

（3）建设项目的建设概况：包括施工方案、施工进度计划。掌握这些资料可以了解各施工阶段情况，合理规划施工现场。

（4）物资需求资料：包括建筑材料、构件、加工品、施工机械、运输工具等物资的需要量表。掌握这些资料可以规划现场内部的运输线路和材料堆场等位置。

（5）各构件加工厂、仓库、临时性建筑的位置和尺寸。

2.3.3 施工总平面图设计的内容

（1）建设项目的建筑总平面图上一切地上、地下的已有和拟建建筑物、构筑物及其他设施的位置和尺寸。

（2）一切为全工地施工服务的临时设施的布置位置，包括：

① 施工用地范围、施工用道路。

② 加工厂及有关施工机械的位置。

③ 各种材料仓库、堆场及取土弃土位置。

④ 办公、宿舍、文化福利设施等建筑的位置。

⑤ 水源、电源、变压器、临时给水排水管线、通信设施、供电线路及动力设施位置。

⑥ 机械站、车库位置。

⑦ 一切安全、消防设施位置。

（3）永久性测量放线标桩位置。

2.3.4 施工总平面图设计的步骤

（1）绘制已建和拟建的建筑物和构筑物的轮廓线位置图。

① 施工总平面图绘制依据的资料有：建筑区域平面图或区域规划图；建筑设计方案图或施工设计建筑平面图；施工部署和施工方案。

② 绘制步骤。

A. 首先要确定平面图图幅和比例尺的大小，这要根据工程的规模大小和施工现场需要布置的临时设施、材料库场的多少而定。规模大、设施多者，应采用大图幅大比例；反之则采用小图幅小比例。不过，一般工程采用 1∶200～1∶500 的比例及相应的图幅即可。

B. 在区域平面图或区域规划图中，选择一两个固定参考点，要求该点能够量出某些建筑物的距离尺寸和方位。然后将参考点移入图幅中的适当位置，该位置应以此点能辐射所辖的区域，能够将所考虑的内容纳入其中为准。

C. 根据参考点和规划图中的平面图尺寸，以选定的比例，用铅笔逐一绘制建筑物的轮廓线。

（2）布置由施工部署安排的垂直运输机械的位置。一般来说，当遇到以下情况时，多由施工组织总设计来考虑垂直运输机械：

① 大型建筑物，一般单位工程垂直运输机械承担不了的，则可由施工组织总设计考虑大型垂直运输机械。

② 成排成行布置的建筑群，能够一机多用或可进行周转的，则可由施工组织总设计来考虑采用轨道塔式起重机或其他垂直运输机械。

③ 多座装配式的工业厂房，因吊装任务大，一般也由施工组织总设计来考虑采用行走式起重机。

（3）布置场内场外的交通运输道路。

设计全工地施工总平面图，首先应解决大宗材料进入工地的运输方式，如铁路运输需将铁轨引入工地，水路运输需考虑增设码头、仓储和转运问题，公路运输需考虑运输路线的布置问题，等等。

① 工地运输的方式一般有铁路运输、公路运输、水路运输、特种运输等。根据运输量大小、运货距离、货物性质、现有运输条件、装卸费用等各方面的因素选择运输方式。

② 工地运输的特点。

（4）安排生活福利、行政办公等临时设施的位置和规模。

行政办公临时设施是指工地办公室、传达室、材料库房、汽车库等。

生活临时设施是指工地职工宿舍、食堂、厕所、开水房、招待所等临时房屋。

福利性临时设施是指商店、邮局、银行、理发店、浴室、学校、托儿所等临时设施。

以上设施应根据工地的具体情况而设置。在施工组织总设计中，主要确定的内容有：修建项目的面积；临时设施位置的布置。

临时设施的位置布置：

行政办公临时设施的位置，要兼顾场内指挥和场外联系的需要，所以一般布置在场区入口处的附近。

生活福利临时设施的布置，应根据工程大小来考虑，当工地较小时，生活临时设施一般应布置在场区的下风方向，在不影响上班的情况下，要布置在距离施工点稍远的清洁安静之地；生活福利设施多布置在场区出入口处的附近位置。当工地较大时，一般应布置在场区的中心地带，使其到各施工点的距离都能最短。

（5）规划由总设计安排的材料堆场、仓库、预制场和加工厂等的位置和占地面积。

建筑工程所用仓库按其用途分为以下几种类型：

转运仓库：设在火车站、码头附近用来转运货物。

中心仓库：用以储存整个工程项目工地施工企业所需的材料。

现场仓库（包括堆场）：专为某项工程服务的仓库，一般建在现场，按结构分为露天仓库和库房两种形式。露天仓库用于堆放不因自然条件而受影响的材料，如砂、石、混凝土构件等；库房用以堆放易受自然条件影响而发生性能、质量变化的物品，如金属材料、水泥、贵重的建筑材料、五金材料、易燃品、易碎品等。

加工厂仓库：用于为加工厂储存原材料、已加工的半成品、构件等。工地加工厂类型主要有：钢筋混凝土构件加工厂、木材加工厂、模板加工车间、细木加工车间、钢筋加工厂、金属结构构件加工厂和机械修理厂等。对于公路、桥梁路面工程还需有沥青混凝土加工厂。工地加工厂的结构形式，应根据使用情况和当地条件而定：一般使用期限较短者，可采用简易结构；使用期限长的，宜采用砖石结构、砖木结构等坚固耐久性结构形式或采用拆装式活动房屋。

（6）布置和计算施工用水的管网线路和规格。

工地供水主要有三种类型：生活用水、生产用水和消防用水。临时性水管网布置时，尽量利用可用的水源。一般排水干管沿主干道布置，水池、水塔等储水设施应设在地势较高处。

工地临时供水的水源有两种：一是直接从城市自来水管网上引入，二是自设供水设备。在施工组织总设计中，应考虑三项内容：确定总用水量、确定输水管规格直径、选择供水线路。

① 确定总用水量。工地总用水量包括施工用水、机械用水、生活用水和消防用水。

② 水源选择和确定供水系统。

（7）布置和计算施工用电的管网线路和规格。

总变电站应设在高压电入口处；消防站应布置在工地出入口附近，消火栓沿道路布置；过冬的管网要采取保温措施。

工地临时供电组织包括：计算工地用电量，确定变压器型号，核算导线的型号规格，布置配电线路。

2.3.5 施工总平面图的科学管理

施工总平面图设计完成之后，就应认真贯彻其设计意图，发挥其应有作用。因此，现场对总平面图的科学管理是非常重要的，否则就难以保证施工的顺利进行。

（1）建立统一的施工总平面图管理制度。划分总平面图的使用管理范围，做到责任到人，严格控制材料、构件、机具等物资占用的位置、时间和面积，不准乱堆乱放。

（2）对水源、电源、交通等公共项目实行统一管理。不得随意挖路断道，不得擅自拆迁建筑物和水电线路，当工程需要断水、断电、断路时要申请，经批准后方可着手进行。

（3）对施工总平面布置实行动态管理。在布置中，由于特殊情况或事先未预测到的情况需要变更原方案时，应根据现场实际情况，统一协调，修正其不合理的地方。

（4）做好现场的清理和维护工作，经常性检修各种临时性设施，明确负责部门和人员。

2.3.6 装配式建筑机械选型与施工场地布置

装配式建筑施工场地布置前，应进行起重机械选型定位工作，然后根据起重机械布局，合理规划场内运输道路，最后根据起重机械以及运输道路的相对关系确定各堆场位置。装配式住宅与传统住宅相比，影响塔吊选型的因素有了很大变化，同样由于其特殊结构形式而增加了构件吊装工序和吊次，塔吊对施工流水段划分及施工流向均有影响。

（1）根据场地情况及施工流水情况进行塔吊位置粗略布置，使得塔吊能够尽可能覆盖施工场地，并尽可能靠近要求起重量大的地方；考虑群塔作业影响，限制塔吊相互关系与臂长，并尽可能使塔吊所承担的吊装运输作业区域大致均衡。

（2）根据最重预制构件重量及其位置进行塔吊选型，使得塔吊能够满足最重构件起吊要求。

（3）根据其余各构件重量、大钢模重量、布料机重量及其与塔吊相对关系对已经选定的塔吊进行校验。

（4）塔吊选型完成后，根据预制构件重量与其安装部位相对关系进行道路布置与堆场布置。由于预制构件运输的特殊性，需对运输道路坡度及转弯半径进行控制，并依照塔吊覆盖情况，综合考虑构件堆场布置，以本节工程为例，分析如表 2-1 和图 2-1：

2.3.7 装配式建筑预制构件堆场原则

为有计划地安排场地，充分利用场地，设计堆放场时，应按构件的类型、外形几何尺寸及堆放方法，对堆放场地占地面积进行计算。同一堆场堆放的构件类型和数量，根据建筑物或构筑物主体结构构件的具体情况，结合本企业或本地区可供应的起重运输设备情况进行计算，并仔细统筹规划，以期有效利用堆放面积。

预制构件堆场的布置，需对构件排列进行考虑，其原则是：预制构件存放受力状态与安装受力状态一致，避免由于存放不合理导致构件在翻身或运输过程中受力破坏，以本节工程为例，分析如图 2-2：

表 2-1 塔吊选型及现场布置影响因素分析

类别	重量/kN	相对塔吊距离/m	备注
预制墙板 1	44	30	最重构件
预制墙板 2	30	36	
预制飘窗 1	33	25	次重构件
预制飘窗 2	30	37	
预制阳台	15	40	最远构件
预制装饰板	9	45	
大钢模	12	40	最重最远钢模
布料机	25	35	
吊装钢梁	2		与预制构件配合使用
其他因素	运输车：5.5 m 宽、16 m 长，转弯半径不小于 9 m，坡度不大于 15°		

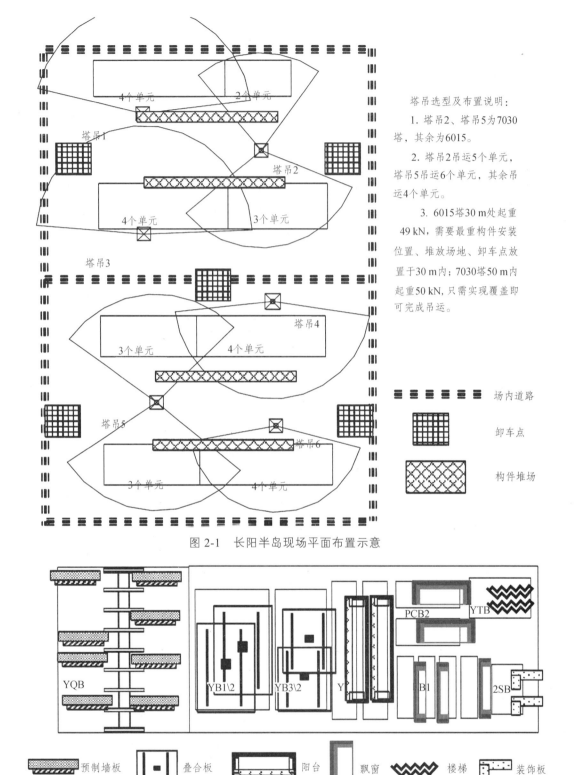

塔吊选型及布置说明:

1. 塔吊2、塔吊5为7030塔,其余为6015。

2. 塔吊2吊运5个单元,塔吊5吊运6个单元,其余吊运4个单元。

3. 6015塔30 m处起重49 kN,需要最重构件安装位置、堆放场地、卸车点放置于30 m内;7030塔50 m内起重50 kN,只需实现覆盖即可完成吊运。

图 2-1　长阳半岛现场平面布置示意

图 2-2　长阳半岛标准单元构件堆场示意

2.4 编制施工总进度计划

2.4.1 编制施工总进度计划的作用

编制施工总进度计划就是根据施工部署中的施工方案和工程项目的施工程序，对全工地的所有工程项目做出时间上的安排。其作用在于确定各个施工项目及其主要工种的工程量、准备工作和全工地性工程的施工期限及其开竣工日期，从而确定建筑施工现场上劳动力、材料、构配件、施工机械的需要量和调配情况，以及现场临时设施的数量、水电供应和能源、交通的需要数量等。因此，正确地编制施工总进度计划是保证各项目以及整个建设工程按期交付使用、充分发挥投资效益、降低建筑工程成本的重要条件。

编制施工总进度计划的基本要求是保证拟建工程在规定期限内完成，迅速发挥投资效益，保证施工的连续性和均衡性，节约施工费用。

根据施工部署中建设工程分期分批的施工顺序，将每个子项目的各项工程列出，在控制的期限内进行各项工作的具体安排。如工程项目的规模不太大，各子项目工程不是很多时，亦可不按分期分批顺序安排，而直接安排总进度计划。

2.4.2 编制施工总进度计划的依据

（1）工程设计文件。
（2）各种有关水文、地质、气象和经济的资料。
（3）上级或合同规定的开工、竣工日期。
（4）主要工程的施工方案。
（5）各类定额。
（6）劳动力、材料、机械供应情况。

2.4.3 编制施工总进度计划的步骤

1. 计算工程项目及全工地性工程的工程量

施工总进度计划主要起控制总工期的作用，因此在列工程项目一览表时，项目划分不宜过细。通常按分期分批投产顺序和工程开展顺序列出工程项目，并突出每个交工系统中的主要工程项目，一些附属项目及一些临时设施可以合并列出。

根据批准的总承建工程项目一览表，按工程开展程序和单位工程计算主要实物工程量。此时计算工程量的目的是选择施工方案和主要的施工、运输机械，初步规划主要施工过程和流水施工，估算各项目的完成时间，计算劳动力及技术物资的需要量。因此，工程量只需粗略地计算即可。

计算工程量，可按初步（或扩大初步）设计图纸并根据各种定额手册进行计算。常用的定额资料有：

① 万元、十万元投资工程量、劳动力及材料消耗扩大指标。这种定额规定了某一种结构类型建筑，每万元或十万元投资中劳动力消耗数量、主要材料消耗置。根据图纸中的结构类

型，即可估算出拟建工程分项需要的劳动力和主要材料消耗量。

②概算指标和扩大结构定额。这两种定额都是预算定额的进一步扩大（概算指标是以建筑物的每 100 m³ 体积为单位，扩大结构定额是以每 100 m² 建筑面积为单位）。查定额时，分别按建筑物的结构类型、跨度、高度分类，查出这种建筑物按拟定单位所需的劳动力和各项主要材料消耗量，从而推算出拟计算项目所需要的劳动力和材料的消耗量。

③标准设计或已建房屋、构筑物的资料。在缺少定额手册的情况下，可采用标准设计或已建类似工程实际材料、劳动力消耗量加以类比，按比例估算。但是，由于和拟建工程完全相同的已建工程是比较少见的，因此在利用已建工程的资料时，一般都应进行必要的调整。除建设项目本身外，还必须计算主要的全工地性工程的工程量，例如地下管线长度、场地平整面积。这些数据可以从建筑总平面图上求得。

2. 确定各单位工程的施工期限

影响单位工程施工期限的因素很多，如施工技术与管理水平、机械化程度、施工方法、建筑类型、结构特征、劳动力和材料供应情况、现场地形、地质条件、气候条件等。由于施工条件的不同，各施工单位应根据具体条件对各影响因素进行综合考虑确定工期的长短。此外，也可参考有关的工期定额来确定各单位工程的施工期限。

3. 确定各单位工程的竣工时间和相互搭接关系

在确定了施工期限、施工程序和各系统的控制期限后，就需要对每一个单位工程的开工、竣工时间进行具体确定。通常通过对各单位工程的工期进行分析之后，应考虑下列因素确定开工、竣工时间以及相互搭接关系。

①保证重点，兼顾一般。在安排进度时，要分清主次，抓住重点，同时期进行的项目不宜过多，以免分散有限的人力、物力。主要工程项目是指工程量大、工期长、质量要求高、施工难度大、对其他工程施工影响大、对整个建设项目的顺利完成起关键作用的工程子项。这些项目在各系统控制期限内应优先安排。

②满足连续性、均衡性施工的要求。在安排施工进度时，应尽量使各工种施工人员、施工机械在全工地内连续施工，同时尽量使劳动力和技术物资消耗量在施工全程上均衡，避免出现使用高峰或低谷，以利于劳动力的调度、原材料供应和充分利用临时设施。组织好工程项目之间的大流水作业，即在相同结构的建筑物或主要工种之间组织流水施工，从而实现人力、材料、施工机械的综合平衡。为实现施工的连续性和均衡性，需留出一些后备项目，如宿舍、附属或辅助项目、临时设施等，作为调节项目，穿插在主要项目的流水中。

③满足生产企业的生产工艺要求或建设单位的分期分批工期要求。根据生产工艺或建设单位所确定的分期分批建设方案，合理安排各个建筑物的施工顺序，使土建施工、设备安装和试生产三者实现"一条龙"施工，每个项目和整个建设项目的安排上实现合理化，缩短建设周期，尽快发挥投资效益。

分期分批建设，发挥最大效益：在工厂第一期工程投产的同时，安排好第二期以及后期工程的施工，在有限条件下，保证第一期工程早投产，促进后期工程的施工进度。

④认真考虑施工总平面图的空间关系。建设项目的各单位工程的分布，一般在满足规范的要求下，为了节省用地，布置比较紧凑，从而导致了施工场地狭小，使场内运输、材料堆

放、设备拼装、机械布置等产生困难。故应考虑施工总平面的空间关系，对相邻工程的开工时间和施工顺序进行调整，以免互相干扰。

⑤ 认真考虑各种条件限制。在考虑各单位工程开工、竣工时间和相互搭接关系时，还应考虑现场条件、施工力量、物资供应、机械化程度以及设计单位提供图纸等资料的时间、投资等情况，同时还应考虑季节、环境的影响。总之，全面考虑各种因素，对各单位工程的开工时间和施工顺序进行合理调整。

4. 编制施工总进度计划表

在进行上述工作之后，便可着手编制施工总进度计划表。由于施工总进度计划只是起控制性作用，因此不必编得过细。

施工总进度计划可用横道图表达，也可用网络图表达。计划编得过细不利于调整。用横道图表达进度计划比较简单、直观、明了，网络计划图能表达出各项目或各工序之间的逻辑关系，可以通过关键路线反映对总工期起控制作用的关键项目或关键工序，还可以通过计算机对网络进行计算和优化调整。

5. 施工总进度计划的调整和修正

施工总进度计划表绘制完成后，将同一时期各项工程的工作量加在一起，用一定的比例画在施工总进度计划的底部，即可得出建设项目工作量的动态曲线。若曲线上存在较大的高峰和低谷，则表明在该时间内各种资源的需求量变化较大，需要调整一些单位工程的施工速度或开竣工时间，以便消除高峰和低谷，使各个时期的工作量尽可能达到均衡。

2.5 施工流水段划分与施工流向

2.5.1 流水施工的概念

流水施工为工程项目组织实施的一种管理形式，是由固定组织的工人在若干个工作性质相同的施工环境中依次连续地工作的一种施工组织方法。工程施工中，可以采用依次施工（亦称顺序施工法）、平行施工和流水施工等组织方式。对于相同的施工对象，当采用不同的作业组织方法时，其效果也各不相同。

在建筑工程项目施工过程中，流水施工方式是一种先进、科学的施工方式。在编制工程的施工进度计划时，我们应该根据工程的具体情况以及施工对象的特点，选择适当的流水施工组织方式组织施工，以保证施工的节奏性、均衡性和连续性。由于建筑施工由许多施工过程所组成，我们在安排它们的流水施工时，通常的做法是将施工工艺上互相联系的施工过程组成不同的专业组合（如基础工程、主体工程及装饰工程等），然后按照各个专业组合的施工过程的流水节拍特征（节奏性），分别组织成独立的流水组进行分别流水。在每个流水组内，若分部工程的施工数目不多于 5 个，可以通过调整班组个数使得各施工过程的流水节拍相等，从而采用全等节拍流水施工方式，这是一种最理想、最合理的流水方式。这种方式要保证几个主导施工过程的连续性，对其他非主导施工过程，只力求使其在施工段上尽可能各自保持连续施工，最后将这些流水组按照工艺要求和施工顺序依次搭接起来，即成为一个工程对象的工程流水或一个建筑群的流水施工。

2.5.2 流水施工的步骤

流水施工组织的具体步骤是：将拟建工程项目的全部建造过程，在工艺上分解为若干个施工过程，在平面上划分为若干个施工段，在竖向上划分为若干个施工层，然后按照施工过程组建专业工作队（或组），并使其按照规定的顺序依次连续地投入到各施工段，完成各个施工过程。当分层施工时，第一施工层各个施工段的相应施工过程全部完成后，专业工作队依次、连续地投入到第二、第三……第 n 施工层，有节奏、均衡、连续地完成工程项目的施工全过程，这种施工组织方式称为流水施工。例如吊顶的班组在 10 层工作一周完成任务后，第二周立即转移到 11 层干同样的工作，然后第三周再到 12 层工作。别的工作队也是这样工作。

2.5.3 组织流水施工的条件

组织建筑施工流水作业，必须具备以下 4 个条件：

（1）把建筑物尽可能划分为工程量大致相等的若干个施工段。

划分施工段（区）是为了把庞大的建筑物（建筑群）划分成"批量"的"假定产品"，从而形成流水施工的前提。

（2）把建筑物的整个建筑过程分解为若干个施工过程，每个施工过程组织独立的施工班组进行施工。

（3）安排主要施工过程的施工班组进行连续、均衡的施工。

对工程量较大、施工时间较长的施工过程，必须组织连续、均衡的施工；对其他次要施工过程，可考虑与相邻的施工过程合并或在有利于缩短工期的前提下，安排其间断施工。

（4）不同施工过程按施工工艺，尽可能组织平行搭接施工。

按照施工先后顺序要求，在有工作面的条件下，除必要的技术和组织间歇时间外，尽可能组织平行搭接施工。

2.5.4 流水施工的经济效果

流水施工是在工艺划分、时间排列和空间布置上的统筹安排，可使劳动力得以合理使用，资源需要量也较均衡。这必然会带来显著的技术经济效果，主要表现在以下几个方面：

（1）流水施工由于其连续性，减少了专业工作的间隔时间，达到了缩短工期的目的，可使拟建工程项目尽早竣工、交付使用，发挥投资效益。

（2）便于改善劳动组织，改进操作方法和施工机具，有利于提高劳动生产率。

（3）专业化的生产可提高工人的技术水平，使工程质量相应得到提高。

（4）工人技术水平和劳动生产率的提高，可以减少用工量和施工临时设施的建造量，降低工程成本，提高利润水平。

（5）可以保证施工机械和劳动力得到充分、合理的利用。

（6）流水施工由于工期短、效率高、用人少、资源消耗均衡，可以减少现场管理费和物资消耗，实现合理储存与供应，有利于提高项目经理部的综合经济效益。

2.5.5 本工程主要施工措施

（1）预制墙板吊装前先吊运钢筋，并优先绑扎内墙钢筋，然后进行预制墙板吊装，可避免吊装墙钢筋对吊装构件的影响。预制墙板拼接处暗柱钢筋晚于内墙钢筋绑扎，避免对构件吊装造成影响，防止纵筋与预制墙板预留钢筋冲突。

（2）预制墙板精确校正工序安排在钢筋绑扎完成后、墙体合模前进行，避免钢筋绑扎过程中对预制墙板支撑件扰动造成构件移位。

（3）内墙模板优先合模，然后进行外墙暗柱模板安装。

（4）现浇墙体放置叠合板的范围在混凝土浇筑时浇筑至高出叠合板底标高 10～20 mm，叠合板吊装前弹线切割，用于放置叠合板。

（5）叠合板吊装时为避免叠合板甩出钢筋与墙体暗梁纵筋冲突，可在吊装前将纵筋抽出，待吊装完成后重新绑扎。

2.5.6 本工程施工流水段划分与施工流向

本工程按照图 2-3 所示中间道路将现场分为两个场地，每个场地两个单体。每个场地内，依据每台塔吊覆盖范围又分为 3 个施工区域，每个区域内有一台塔吊负责作业，并按照作业区域配置相应数量的构件堆场、架料堆场、模板堆场等。每个区域分别包含 4～6 个作业单元，各个单元各自为一个流水段，考虑施工流向由塔吊吊运开始，将施工流向定为自中间单元向两侧单元流水作业（若采用两侧向中间流水的方式，会导致中间相邻单元由于两侧流水步距不协调而产生楼层差，采用中间流向两侧的方式则可避免楼层差出现）。其施工段划分及流向见图 2-3 所示：

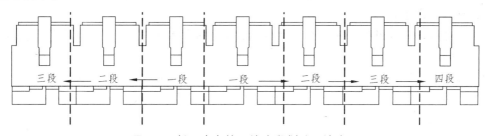

图 2-3 长阳半岛施工流水段划分及流向图

2.5.7 本工程标准单元施工工序划分

本工程将每个单元施工作业划分为了 10 个工序，除灌浆工序与墙板吊装、墙模板安装存在逻辑关系外，其余工序均为顺序施工，墙、板混凝土浇筑完成后均存在养护技术间歇时间。其施工工序及流程如图 2-4 所示：

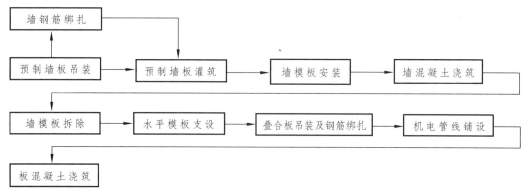

图 2-4　长阳半岛施工工序流程图

2.6　本工程施工工序及关键工序施工组织

2.6.1　施工网络图

网络计划方法的基本原理是：首先绘制工程施工网络图，以网络图来表达一项计划（或工程）中各项工作开展的先后顺序及其相互间的关系；然后通过计算找出计划中的关键工作及关键线路；继而通过不断改善网络计划，选择最优方案，并付诸实施；最后在执行过程中进行有效的控制和监督，保证以最小的消耗取得最大的经济效益。

在建筑工程施工中，网络计划方法主要是用来编制工程项目施工的进度计划和建筑施工企业的生产计划，并通过对计划的优化、调整和控制，达到缩短工期、提高效率、节约劳动力、降低消耗的项目施工目标。对于复杂的工程项目还有专用程序，可用计算机进行计算。

网络图的优点：

（1）能明确反映各施工过程之间相互联系、相互制约的逻辑关系。

（2）能进行各种时间参数的计算，找出关键施工过程和关键线路，便于在施工中抓住主要矛盾，避免盲目施工。

（3）可通过计算各过程存在的机动时间，更好地利用和调配人力、物力等各项资源，达到降低成本的目的。

（4）可以利用计算机对复杂的计划进行有目的的控制和优化，实现计划管理的科学化。

网络图的缺点：

（1）绘图麻烦、不易看懂，表达不直观。

（2）无法直接在图中进行各项资源需要量统计。

本工程施工网络图如图 2-5：

根据标准单元施工工序划分，关键线路及其逻辑关系如下：

工序 1：预制墙板吊装，是工序 3 的紧前工序；

工序 2：墙钢筋绑扎，是工序 4 的紧前工序；

工序 3：预制墙板灌浆，是工序 4 的紧前工序；

工序 4：墙模板安装，是工序 5 的紧前工序；

工序5：墙混凝土浇筑，是工序6的紧前工序；

工序6：墙模板拆除，是工序7的紧前工序，也是下一流水段工序4的紧前工序；

工序7：水平模板支设，是工序8的紧前工序；

工序8：叠合板吊装及钢筋绑扎，是工序9的紧前工序；

工序9：机电管线铺设，是工序10的紧前工序；

工序10：板混凝土浇筑。

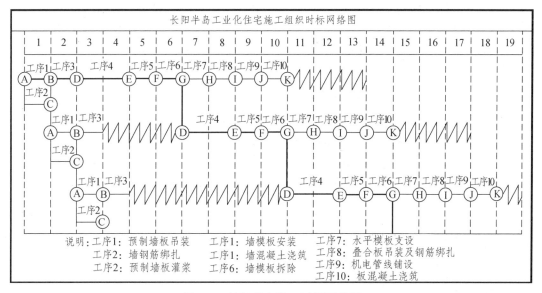

图 2-5 长阳半岛施工时标网络图

2.6.2 预制板吊装次序

预制构件吊装分 4 次进行：第一次吊装，进行预制墙板吊装，预制墙板吊装时，工人位于楼层及外脚手架部位进行安装操作；第二次吊装，墙混凝土拆模后，首先进行装饰板吊装，然后吊装预制阳台、叠合板，施工时工人位于叠合板面外脚手架部位进行安装操作；第三次吊装，楼板浇筑完成后进行下一层楼梯板吊装，吊装完成后的楼梯板可兼作作业面通道使用；第四次吊装，下一层预制墙板吊装完成后，可进行下层预制飘窗吊装。吊装次序如图 2-6：

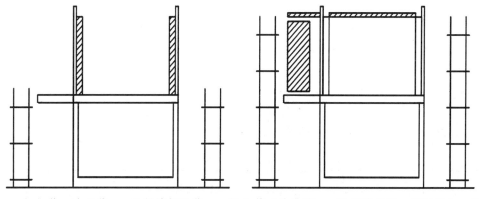

（a）第一次吊装——预制墙板吊装　　（b）第二次吊装——预制装饰板、预制阳台、叠合板吊装

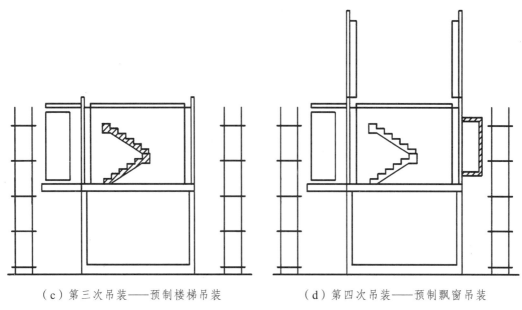

（c）第三次吊装——预制楼梯吊装　　　　（d）第四次吊装——预制飘窗吊装

图 2-6　长阳半岛预制构件吊装顺序示意

2.7　本工程资源投入情况

（1）模板投入。

本工程每个施工区域根据所包含 4~6 作业单元数的不同分别投入 1~2 套模板。考虑吊装预制构件占用塔吊，各施工区域分别再配置一套阴角模，以减少塔吊吊运次数（阴角模需优先安装、最后拆除，增配阴模可避免待施流水段由于等待在施流水段阴角模而造成工期延长，另外，增配的阴角模可在模板安装时扎捆吊运，减少塔吊吊次占用）。

（2）斜支撑措施件投入。

本工程根据每个施工区域包含 4~6 作业单元的不同分别投入 2~3 套预制墙板斜支撑；考虑到作业过程中同时出现边单元施工，每个施工区域另外增配 2 套边单元预制墙板的斜支撑，确保预制墙板安装流水作业。

（3）构件堆放架投入。

本工程每个施工区域根据包含 4~6 作业单元数的不同分别投入 1~2 个构件堆放架，每个堆放架可完整存放 1 个流水段预制墙板。

（4）构件吊、安装工器具投入。

本工程每个施工区域分别配置 1 套构件吊、安装工器具（专用吊具、墙板预留钢筋定位钢板等）。

（5）1 个标准单元的劳动力需求，见表 2-2：

表 2-2　标准单元劳动力需求

工种	吊装工	灌浆工	钢筋工	大钢模工	混凝土工	木模板工	机电工
人数	5	5	15	4	6	10	8

（6）预制混凝土装配整体式剪力墙结构主要施工材料见表 2-3：

图 2-3　主要施工材料

序号	材料名称	型号	单位	备注
1	钢板	4 mm	m²	预制墙板定位钢板
2	钢板	6 mm	m²	构件吊装梁、定位措施件、楼梯固定
3	钢板	8 mm	m²	吊耳
4	钢板	10 mm	m²	节点大钢模
5	槽钢	8#	m	大钢模支设
6	槽钢	10#	m	构件堆放架
7	槽钢	14#	m	构件堆放架
8	H 型钢	250 mm×125 mm×6 mm×9 mm	m	吊装梁
9	角钢	∠30×4 mm	m	预制墙板定位钢板
10	角钢	∠80×6 mm	m	预制楼梯固定
11	螺栓	ϕ18×60 mm	根	构件吊装
12	螺栓	ϕ18×90 mm	根	构件吊装
13	螺栓	ϕ24×255 mm	根	预制飘窗固定
14	焊条	E43、E50、E52	包	焊接

（7）预制混凝土装配整体式剪力墙结构施工主要设备，如表 2-4 所示。

①塔吊选型主要根据预制构件的重量、预制构件的吊装位置以及施工过程中塔吊的吊次以及周围环境等因素而定。

②运输及吊装设备机械选用时，应充分考虑预制构件的重量、预制构件受力特征、堆放要求以及运输过程中路面环境等因素确定。

③测量的设备，拟根据测量的精度选定，主要保证精确测量、方便使用。

④预制构件安装的辅助性工器具，选择时应根据预制构件进入施工现场后构件的受力特征，对构件存放、吊装以及安装进行改进，设计加工构件快速吊装、快速支撑、快速定位的工器具。

⑤灌浆料配置工器具。工器具根据灌浆料配置，保证快速测量、方便搅拌。

表 2-4　主要机械设备

序号	名称	规格型号	数量（每工作面）	用途
1	塔吊	TC6015/ST7030	1 台	预制构件垂直运输
2	汽车吊	8 t	1 辆	构件卸车倒运应急
3	大型板车	15 m	1 辆	预制构件运输
4	全站仪	RTS632H	1 套	预制构件安装测量
5	电子经纬仪	BB17-DJD2-C	1 套	预制构件安装测量
6	电子水准仪	QS24-DL9	1 套	预制构件安装测量

序号	名称	规格型号	数量（每工作面）	用途
7	电焊机	BX1-400	1 台	预制构件安装
8	千斤顶	YCQ-5/YCQ-10	2 台	预制构件组装
9	倒链	5 t/10 t	2 台	预制构件组装
10	角磨机	GWS 8-100	2 台	现浇部位打磨
11	水桶	20L	4 只	预制构件灌浆连接
12	搅拌机	手持式	2 台	灌浆料配置
13	电子秤	20 kg	2 台	灌浆料配置
14	量筒	1 L	2 只	灌浆料配置
15	灌浆筒	720 mL	3 只	灌浆料灌制

实训 2

1. 选择施工方法的依据主要是什么？
2. 简述施工机构的组成和任务分工。
3. 简述施工总平面图设计的原则。
4. 施工总平面图设计的内容有哪些？
5. 简述施工总平面图设计的步骤。
6. 如何对施工总平面图进行科学管理？
7. 装配式建筑预制构件堆场原则是什么？
8. 什么是流水施工？

3 钢结构与轻钢结构施工组织设计

钢结构与轻钢结构装配式建筑的施工过程是一个错综复杂的系统工程，应该充分认识到施工的困难性、复杂性。在施工前，应对整个工程施工有一定的了解，掌握相应施工技能，并根据工程施工特点制订详细周密的施工组织设计方案，用以指导该工程整个施工现场从各项施工准备到竣工验收全过程的施工活动。

工程的结构特点、规模、工期、结构性质不同，施工条件及施工难易程度不同，施工组织设计的编制内容也不尽相同。钢结构与轻钢结构施工组织设计应包括编制依据、工程概况、施工部署、施工进度计划、施工准备与资源配置计划、主要施工方案、施工现场平面布置和主要技术经济指标等基本内容。

3.1 编制依据

为了保证钢结构与轻钢结构工程施工组织设计编制工作的顺利进行以及提高编制质量，使得编制文件更能结合工程实际情况，更好地发挥施工组织设计的作用，在编制钢结构与轻钢结构施工组织设计时，应具备以下编制依据：

（1）与工程建设有关的法律、法规和文件。

（2）国家现行有关标准和技术经济指标，包括国家现行的施工及验收规范、操作规程、定额、技术规定和技术经济指标。

（3）工程所在地区行政主管部门的批准文件，建设单位对施工的要求。

（4）工程施工合同或招标投标文件以及计划文件，包括国家批准建设的基本建设计划、可行性研究报告、工程项目一览表、分期分批施工项目和投资计划、施工单位上级主管部门下达的施工任务计划、招投标文件及签订的工程承包合同，工程材料和设备的订货合同等。

（5）工程设计文件，包括建设项目的初步设计、扩大初步设计或技术设计的有关图纸、设计说明书、建筑总平面图、建设地区区域平面图、建筑竖向设计、总概算或修正概算。

（6）施工现场勘察资料及自然条件等，包括建设地区地形、地貌、工程地质及水文地质情况、气象等自然条件，交通运输、能源、预制构件、建筑材料、水电供应及机械设备等技术经济条件，建设地区政治、经济文化、生活、卫生等社会生活条件。

（7）与工程有关的资源供应情况。

（8）施工企业的生产能力、机具设备状况、技术水平等，类似工程的施工组织设计、施工经验总结及相关参考资料等。

3.2　工程概况

工程概况主要介绍建设工程项目的构造特点、施工现场特征和条件及相关要求等，作为编制工程施工组织设计的依据。

（1）工程项目主要情况应包括下列内容：

① 工程地点及名称、工程性质、总建筑面积、总占地面积、地理位置、总工期、分期分批投入使用的项目及其工期长短。

② 工程的建设、勘察、设计、监理和总承包等相关单位的情况。

③ 工程承包范围和分包工程范围。

④ 施工合同、招标文件或总承包单位对工程施工的重点要求，生产流程和工艺特点，新材料、新技术的复杂程度和应用情况。

⑤ 其他应说明的情况。

（2）各专业设计简介应包括下列内容：

① 建筑设计简介应依据建设单位提供的建筑设计文件进行描述，包括建筑规模、建筑功能、建筑特点、建筑耐火、建筑防水及节能要求等，并应简单描述工程的主要装修做法。

② 结构设计简介应依据建设单位提供的结构设计文件进行描述，包括结构形式、地基基础形式、结构安全等级、抗震设防类别、主要结构构件类型及要求等。

③ 机电及设备安装专业设计简介应依据建设单位提供的各相关专业设计文件进行描述，包括给水、排水及采暖系统、通风与空调系统、电气系统、智能化系统、电梯等各个专业系统的做法要求。

（3）工程施工条件应包括下列内容：

① 项目建设地点气象状况（最高、最低气温和施工所处时期，平均雨雪期及最大雨雪量，主导风向、最大风力及出现期、是否受汛期防洪影响）。

② 项目施工区域地形地貌、工程地质及水文地质情况（地质土壤层及地下水位情况、冰冻层厚度及延时天数）。

③ 项目施工区域地上、地下管线及相邻的地上、地下建（构）筑物情况。

④ 与项目施工有关的道路、河流等状况。

⑤ 当地建筑材料、设备供应和交通运输等服务能力状况。

⑥ 当地供电、供水、供热和通信能力状况。

⑦ 其他与施工有关的主要因素。

3.3　施工部署

施工部署是对整个建设工程项目进行的统筹规划和全面安排，主要是为了解决工程项目施工中的重大问题。施工部署的内容以及侧重点，根据建设项目的性质、规模和客观条件不同而有所不同。施工部署主要包括以下内容：

（1）工程施工目标应根据施工合同、招标文件以及本单位对工程管理目标的要求确定，包括进度、质量、安全、环境和成本等目标。各项目标应满足施工组织总设计中确定的总体目标。

（2）施工部署中的进度安排和空间组织应符合下列规定：

① 工程主要施工内容及其进度安排应明确说明，施工顺序应符合工序逻辑关系。

② 施工流水段应结合工程具体情况分阶段进行划分；单位工程施工阶段的划分一般包括地基基础、主体结构、装修装饰和机电设备安装 3 个阶段。

③ 对于工程施工的重点和难点应进行分析，包括组织管理和施工技术两个方面。

④ 工程管理的组织机构形式应采用框图表示，并确定项目经理部的工作岗位设置及职责划分。

⑤ 对于工程施工中开发和使用的新技术、新工艺应做出部署，对新材料和新设备的使用应提出技术及管理要求。

⑥ 对主要分包工程施工单位的选择要求及管理方式应进行简要说明。

3.4　施工进度计划

施工进度计划是施工组织设计的中心内容，它要保证建设工程项目按施工合同规定或建设单位要求的期限交付使用。其主要作用在于确定各个施工项目及其主要工种工程量、准备工作和全工地性工程的施工期限及其开竣工日期，从而确定建筑施工现场上劳动力、材料、构配件、施工机械的需要量和调配情况，以及现场临时设施的数量、水电供应和能源、交通的需要数量等。根据拟建项目在时间上的总体要求，施工进度计划分为总进度计划和单位工程施工进度计划。施工中的其他工作必须围绕着并适应施工进度计划的要求安排施工。

施工进度计划能够为计划部门提供编制月计划及其他职能部门调配材料，供应构件、机械及调配劳动力提供依据。其构成部分和编制方法如下：

（1）施工进度计划编制的依据主要有工程的全部施工图纸及设计文件，各种有关水文、地质、气象和经济的资料，上级或合同规定的开工竣工日期，施工图预算，各类定额，主要施工过程中的施工方案，劳动力安排以及材料、构件和施工机械的配备情况。

（2）计算确定钢结构工程项目的工程量。

此时计算工程量的目的是选择施工方案和主要的施工及运输机械，初步规划主要施工过程和流水施工，并估算各个项目的完成时间，计算劳动力及技术物资的需要量。因此，此时的工程量只需粗略计算即可。

计算工程量，可按初步（或扩大初步）设计图纸并根据各种定额手册进行计算。

（3）确定各单位工程的施工期限。

由于施工条件不同，各施工单位应根据具体条件对各影响因素进行综合考虑再确定工期的长短。此外，也可参考有关的工期定额来确定各单位工程的施工期限。

（4）确定各分部、分项工程的开工、竣工时间。

（5）编制进度计划表或施工进度网络图，并附必要说明。

3.5　施工准备与资源配置计划

施工准备是一项技术、计划、经济、质量、安全、现场管理等综合性强的工作，是同设计单位、钢结构加工厂、混凝土基础施工单位及钢结构安装单位内部资源组合的重要工作。

（1）施工准备应包括技术准备、现场准备和资料准备、劳动力情况和施工机具准备以及工程施工流向、顺序、施工阶段划分、管理组织机构等。

① 主要分部（分项）工程和专项工程在施工前应单独编制施工方案，施工方案可根据工程进展情况，分阶段编制完成；对需要编制的主要施工方案应制订编制计划。

② 试验检验及设备调试工作计划应根据现行规范、标准中的有关要求及工程规模、进度等实际情况定制。

③ 样板制作计划应根据施工合同或招标文件的要求并结合工程特点制定。其程序为：设计、合同要求质量、工期交底→编制施工组织设计→编制资源使用计划→基础、钢构件、控制网检测→现场施工水、电、构件堆场工作程序→相关单位的协调工作程序。

（2）应根据现场施工条件和实际需要，准备现场生产、生活等临时设施。

（3）应根据施工进度计划编制劳动力、材料、构件、半成品、施工机械等需要计划表。

劳动力需要量计划是规划临时建筑和组织劳动力进场的依据。编制时根据各单位工程分工种工程量，查预算定额或有关资料即可求出各单位工程重要工种的劳动力需要量。将各单位工程所需的主要劳动力汇总，即可得出整个建筑工程项目的劳动力需要量计划。

根据工种工程量汇总表及进度计划的要求，查概算指标即可得出各单位工程所需的物资需要量，从而编制出建设项目各种物资需要量计划。

根据施工进度计划及主要建筑物施工方案和工程量，套用机械产量定额，即可得到主要施工机械需要量计划。

3.6　主要施工方案

单位工程应按照《建筑工程施工质量验收统一标准》（GB 50300—2013）中分部、分项工程的划分原则，制订主要分部、分项工程施工方案。对脚手架工程、起重吊装工程、临时用水用电工程、季节性施工等专项工程所采用的施工方案应进行必要的验算和说明。

拟定主要工程项目施工方案，是为了进行技术和资源的准备工作，同时也为了保证施工的顺利开展及合理布置施工现场。工程项目施工方案的主要内容包括确定其施工方法、施工工艺流程、施工机械设备等。

主要施工工艺是钢结构与轻钢结构施工组织设计的核心内容，主要施工工艺的优劣直接决定了整个施工组织设计的质量。钢结构与轻钢结构工程的主要施工工艺可分为钢结构与轻钢结构制作工艺和钢结构与轻钢结构安装、涂装工艺，主要包括钢结构与轻钢结构工艺深化设计、结构构件制作与运输、构件安置及连接等。另外根据工程的特点，可采用新的施工工艺。

钢结构在装配前应按结构平面形式分区绘制吊装图。吊装分区先后次序为：先安装整体框架梁柱结构后安装楼板结构，平面从中央向四周扩展，先柱后梁、先主梁后次梁吊装，使每日完成的工作量可形成一个空间架构，以保证其刚度，提高抗风稳定性和安全性。

对于多高层建筑，在垂直方向上钢结构构件每节（以三层一节为例）装配顺序为：钢柱安装→下层框架梁→中层框架梁→上层框架梁→测量校正→螺栓初拧、测量校正、高强度螺栓终拧→铺上层楼板→铺下、中层楼板→下、中、上层钢梯、平台安装。钢结构一节装配完成后，土建单位立即将此节每一楼层的楼板吊运到位，并把最上面一层的楼板铺好，从而使上部的钢结构吊装和下部的楼板铺设和土建施工过程有效隔离。

钢结构构件装配，主要包括钢柱、钢梁、楼梯的吊装连接、测量校正、压型钢板的铺设等工序，但是在钢结构装配的同时需要穿插土建、机电甚至外墙安装等部分的施工项目，所以在钢结构构件装配时必须要与土建等其他施工部位进行密切配合，做到统筹兼顾，从而高质高效地完成施工任务。

本节将以轻钢门式刚架结构为例，介绍轻钢结构工程的主要施工工艺过程。

3.6.1 轻钢门式刚架主结构的制作

（1）编制工艺规程。

钢结构工程施工前，制作单位应按施工图纸和技术文件的要求编制出完备、合理的施工工艺规程，用于指导、控制施工过程。

工艺规程的主要内容包括：

① 成品技术要求。

② 具体措施：关键零件的加工方法、精度要求、检查方法和检查工具；主要构件的工艺流程、工序质量标准、工艺措施（如组装次序、焊接方法等）；采用的加工设备和工艺设备。

编制工艺流程表基本内容包括：零件名称、件号、材料牌号、规格、件数、工序名称和内容、所用设备和工艺装备名称及编号、工时定额等。关键零件还要标注加工尺寸和公差，重要工序要画出工序图。

（2）放样和号料。

① 放样。

放样是根据施工详图，以1:1的比例在样板台上弹出实样，求取实长，根据实长制成样板（或样杆）。放样应采用经过计量检定的钢尺，并将标定的偏差值计入量测尺寸。尺寸画法应先量全长后分尺寸，不得分段丈量相加，避免偏差积累。放样和样板（或样杆）是号料的基础。

放样是钢结构制作工艺中的第一道工序，只有放样尺寸准确，才能避免以后各道加工工序的累计误差，才能保证整个工程的质量。

放样的内容包括：核对图纸的安装尺寸和孔距；以1:1的大样放出节点；核对各部分的尺寸；制作样板或样杆作为下料、弯制、铣、刨、制孔等加工的依据。放样时以1:1的比例在放样台上利用几何作图方法弹出大样。放样经检查无误后，用0.50~0.75 mm的薄钢板或塑料板制作样板，用木杆、薄钢板或扁铁制作样杆，当长度较短时可用木尺杆。样板、样杆上应注明工号、图号、零件号、数量以及加工边和坡口部位、弯折线和弯折方向、孔径和滚圆半径等，然后用样板、样杆进行号料，如图3-1所示。样杆、样板应妥善保存，直至工程结束后方可销毁。

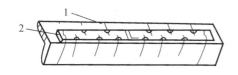
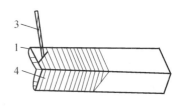

（a）样杆号孔　　　　　　　　（b）样板号料

图 3-1　样板号料

1—角钢；2—样杆；3—划针；4—样板

② 号料。

号料的工作内容包括：检查核对材料；在材料上画出切割、铣、刨、弯曲、钻孔等加工位置；打冲孔；标出零件编号等。

核对钢材规格、材质、批号，并应清除钢板表面油污、泥土等脏物。号料方法有集中号料法、套料法、统计计算法、余料统一号料法 4 种。

当表面质量满足不了要求时，钢材应进行矫正。钢材和零件的矫正应采用平板机或型材矫直机进行，较厚钢板也可用压力机或火焰加热进行，逐渐取消用手工锤击的矫正法。碳素结构钢在环境温度低于-16 ℃，低合金结构钢在低于-12 ℃ 时，不应进行冷矫正和冷弯曲。

矫正后的钢材表面，不应有明显的凹面和损伤，表面划痕深度不得大于 0.5 mm，且不应大于该钢材厚度负允许偏差的 1/2。

（3）切割。

钢材的切割包括气割、等离子切割类高温热源的方法，也有使用剪切、切削、摩擦热等机械力的方法。要考虑切割能力、切割精度、切剖面的质量及经济性。

板材下料切割的方法有：机械切割法、气割法、等离子切割法等。

在钢结构制造厂中，一般情况下，钢板厚度在 16 mm 以下的直线形切割，采用剪切下料。常用的剪切机械有剪板机。

气割多用于带曲线的零件和厚钢板的切割。气割能切割各种厚度的钢材，设备灵活、费用经济、切割精度较高，是目前使用最广泛的切割方法。气割按切割设备可分为：手工气割、半自动气割、仿形气割、多头气割、数控气割和光电跟踪气割。焊接 H 型钢生产线的下料设备一般配备数控多头切割机或直条多头切割机，此类切割设备是高效率的板条切割设备，纵向割距可根据要求配置，可一次同时加工多块板条。

各类型钢以及钢管等的下料通常采用锯割。常用的锯割机械有弓形锯、带锯、圆盘锯、摩擦锯和砂轮锯等。

等离子切割主要用于熔点较高的不锈钢材料及有色金属的切割。

（4）边缘加工和端部加工。

钢吊车梁翼缘板的边缘、钢柱脚和梁承压支承面以及其他图纸要求的加工面，焊接对接口、坡口的边缘，尺寸要求严格的加劲肋、隔板、腹板和有孔眼的节点板，以及由于切割方法产生硬化等缺陷的边缘，一般都需要进行边缘加工，采用精密切割就可代替刨铣加工。

常用的端部加工方法有：铲边、刨边、铣边、碳弧气刨、气割和坡口机加工等。H 型钢端面铣床，用于焊接或轧制成型的 H 型钢、箱形截面梁柱的两端面铣削加工。铣边机利用滚铣切削原理，对钢板焊前的坡口、斜边、直边、U 形边可一次同时铣削成形，耗能少、操作维修方便。

（5）制孔、锁口、抛丸。

高强度螺栓的采用使螺栓孔的加工在钢结构制造中占有很大比重，在精度上要求也越来越高。

① 制孔的质量。

精制螺栓孔：精制螺栓孔（A、B 级螺栓孔——Ⅰ类孔）的直径应与螺栓公称直径相等，孔应具有 H12 的精度，孔壁表面粗糙度 $R_a \leqslant 12.5\ \mu m$。其孔径只允许正偏差。

普通螺栓孔：普通螺栓孔（C 级螺栓孔——Ⅱ类孔）包括高强度螺栓（大六角头螺栓、扭剪型螺栓等）、普通螺钉孔、半圆头铆钉等的孔。其孔直径应比螺栓杆、钉杆的公称直径大 1.0～3.0 mm，孔壁粗糙度 $R_a \leqslant 25\ \mu m$。

② 制孔方法。

钢结构的连接节点多采用高强度螺栓，因此螺栓孔的加工在钢结构制造中占有一定的比重。制孔通常有钻孔和冲孔两种方法。钻孔是钢结构制造中普遍采用的方法，几乎能用于任何规格的钢板、型钢的孔加工。钻孔的精度高，对孔壁损伤较小。冲孔一般只用于较薄钢板和非圆孔的加工且孔径不小于钢材厚度的加工。冲孔生产效率虽高，但由于孔的周围产生冷作硬化、孔壁质量差等原因，通常只用于檩条、墙梁端部长圆孔的制备。

数控钻孔：近年来数控钻孔的发展更新了传统的钻孔方法，无须在工件上画线、打样冲眼，整个加工过程自动进行，高速数控定位，钻头行程数字控制，钻孔效率高，精度高。

制孔后应用磨光机清除孔边毛刺，并不得损伤母材。

（6）摩擦面的处理。

高强度螺栓摩擦面处理后的抗滑移系数值应符合设计要求（一般为 0.45～0.55）。摩擦面的处理可采用喷砂、喷丸、酸洗、砂轮打磨等方法，一般应按设计要求进行，设计无要求时施工单位可采用适当方法进行施工。采用砂轮打磨处理摩擦面时，打磨范围不应小于螺栓孔径的 4 倍，打磨方向宜与构件受力方向垂直。高强度螺栓的摩擦连接面不得涂装，应于安装完后将连接板周围封闭，再进行涂装。

喷砂是选用干燥的石英砂，喷嘴距离钢材表面 10～15 cm 喷射，处理后的钢材表面呈灰白色。现在常用的是喷丸，磨料是钢丸，处理过的摩擦面的抗滑移系数值较高。酸洗是用体积浓度为 18%的硫酸洗涤，再用清水冲洗，此法会继续腐蚀摩擦面。砂轮打磨是用电动砂轮打磨，方向与构件受力方向垂直，不得在表面磨出明显的凹坑。

处理好的摩擦面严禁有飞边、毛刺、焊疤和污损等，不得涂油漆，在运输过程中应防止摩擦面受损，出厂前应按批检验抗滑移系数。

（7）焊接、涂装、编号。

H 型钢在组立焊接之前，先要对原材料（钢板）进行矫正、整平。矫平的钢板（翼缘板、腹板）进入 H 型钢自动组立机，在组立生产线上，将未焊接的翼缘板和腹板先定位好，进行头部定位焊。此类设备一般都采用 PLC 可编程序控制器，对型钢的夹紧、对中、定位点焊及翻转实行全过程自动控制，速度快、效率高。

① 焊接。

门式刚架梁、柱结构一般由 H 型钢组成，适于采用自动埋弧焊机、船形焊接，优点是生产效率高、焊接过程稳定、焊缝质量好、成型美观。

H 型钢翼缘板只允许在长度方向拼接，腹板则在长度、宽度方向均可拼接，拼接缝可为"十"字形或"T"字形，上下翼缘板和腹板的拼装缝应错开 200 mm 以上，拼接焊接应在 H 型钢组装前进行。

轻型钢结构构件的翼缘、腹板通常采用较薄的钢板，焊接容易产生比较大的焊接变形，且翼缘板与腹板的垂直度也有偏差，这时需要通过矫正机对焊接后的 H 型钢进行矫正。

②除锈及表面处理。

发挥涂料的防腐效果重要的是漆膜与钢材表面的严密贴敷，若在基底与漆膜之间夹有锈、油脂、污垢及其他异物，不仅会妨害防锈效果，还会加速锈蚀。因而对钢材表面进行处理，并控制钢材表面的粗糙度，在涂料涂装前是必不可少的。

③涂装、编号。

涂装的环境温度应符合涂料产品说明书的规定，无规定时，环境温度应在 5 ~ 38 ℃，相对湿度不应大于 85%，构件表面没有结露和油污等，涂装后 4 h 内应免受雨淋。

钢构件表面的除锈等级应符合现行《涂敷涂料前钢材表面处理 表面清洁度的目视评定》GB 8923 系列标准的规定，构件表面除锈方法和除锈等级应与设计采用的涂料相适应。施工图中注明不涂装的部位和安装焊缝处的 30 ~ 50 mm 范围内，以及高强度螺栓摩擦连接面不得涂装。涂料、涂装遍数、涂层厚度均应符合设计要求。

构件涂装后，应按设计图纸进行编号，编号的位置应遵循便于堆放、便于安装、便于检查的原则。对于大型或重要的构件还应标注重量、重心、吊装位置和定位标记等记号。编号的汇总资料与运输文件、施工组织设计文件、质检文件等应统一起来，编号可在竣工验收后加以复涂。

涂层结构的形式有：底漆-中间漆-面漆；底漆-面漆；底漆和面漆是同一种漆。

底漆附着力强，防锈性能好；中间漆兼有底漆和面漆的性能，并能增加漆膜总厚度；面漆防腐蚀耐老化性好。为了发挥最好的作用和获得最好的效果，它们必须配套使用。在使用时避免发生互溶或"咬底"现象，硬度要基本一致，若面漆的硬度过高，则容易干裂。烘干温度也要基本一致，否则有的层次会出现过烘干现象。

涂层厚度要适当。过厚虽然可增加防护能力，但附着力和机械性能都要下降；过薄易产生肉眼看不见的针孔和其他缺陷，起不到隔离环境的作用。确定涂层厚度的主要影响因素有：钢材表面原始状况、钢材除锈后的表面粗糙度、选用的涂料品种、钢结构使用环境对涂层的腐蚀程度、涂层维护的周期等。

钢结构防腐涂料涂装工序为：刷防锈漆→局部刮腻子→涂料涂装→漆膜质量检查。

涂装施工时环境要求如下：

环境温度：施工环境温度宜为 5 ~ 38 ℃，具体应按涂料产品说明书的规定执行。

环境湿度：施工环境湿度一般宜为相对湿度小于 85%，不同涂料的性能不同，所要求的施工环境湿度也不同。

钢材表面温度与露点温度：规范规定钢材表面的温度必须高于空气露点温度 3 ℃ 以上方可施工。露点温度与空气温度和相对湿度有关。

特殊施工环境：在雨、雪、雾和较大灰尘的环境下，在易污染的环境下，在不安全的条件下施工均需有可靠的防护措施。

3.6.2　轻钢门式刚架主结构的拼装

轻钢门式刚架主构件的拼装，主要是刚架梁的拼装和刚架梁分段比较小时短梁与刚架柱的拼装，拼装平台对拼装质量影响较大。

拼装工序亦称装配、组装，是把制备完成的半成品和零件按图纸规定的运输单元，装成构件或其部件，然后再在施工现场连接成为整体。

拼装必须按工艺要求的次序进行。当有隐藏焊缝时，必须先预施焊，经检验合格方可覆盖。当复杂部位不易施焊时，亦须按工艺规定分别先后拼装和施焊。为减少变形，尽量采取小件组焊，经矫正后再大件组装。胎具及装出的首件必须经过严格检验，方可进行大批量的装配工作。

拼装好的构件应立即用油漆在明显部位编号，写明图号、构件号和件数，以便查找。

由于受运输、吊装等条件的限制，有时构件要分成两段或若干段出厂，为了保证安装的顺利进行，应根据构件或结构的复杂程度和设计要求，在出厂前进行预拼装；除管结构为立体预拼装，并可设卡、夹具外，其他结构一般均为平面拼装，且构件应处于自由状态，不得强行固定。

（1）钢结构构件组装的一般规定。

钢结构构件的组装是遵照施工图的要求，把已加工完成的各零件或半成品构件，用装配的手段组合成为独立的成品，这种装配方法通常称为组装。组装根据构件的特性及组装程度，可分为部件组装、组装、预总装。

零部件在组装前应矫正其变形并使变形在偏差范围以内，接触表面应无毛刺和杂物。除工艺要求外零件组装间隙不得大于 1.0 mm，顶紧接触应有 75%以上的面积紧贴，用 0.3 mm塞尺检查，其塞入面积应小于 25%。边缘间隙不应大于 0.8 m，叠板上所有螺栓孔、铆钉孔等应采用量规检查，其通过率应符合下列规定：用比孔的直径小 1.0 mm 量规检查，应通过每组孔数的 85%；用比螺栓公称直径大 0.2～0.3 mm 的量规检查应全部通过；量规不能通过的孔，应经施工图编制单位同意后，方可扩孔或补焊后重新钻孔。扩孔后的孔径不得大于原设计孔径 2.0 mm；补孔应制定焊补工艺方案并经过审查批准，用与母材强度相应的焊条补焊，不得用钢块填塞，处理后应做出记录。组装时，应有适当的工具和设备，如组装平台或胎架有足够的精度。

① 组装前，施工人员必须熟悉构件施工图及有关的技术要求，并且根据施工图要求复核其组装零件质量。

② 由于原材料的尺寸不够或技术要求需拼接的零件，一般必须在组装前拼接完成。

③ 在采用胎模装配时必须遵照下列规定：

A. 选择的场地必须平整，且具有足够的刚度。

B. 布置装配胎模时必须根据其钢结构构件特点，考虑预放焊接收缩余量及其他各种加工余量。

C. 组装出首批构件后，必须由质量检查部门进行全面检查，合格后方可进行继续组装。

D. 构件在组装过程中必须严格按工艺规定装配，当有隐蔽焊缝时，必须先行预施焊，并经检验合格方可覆盖。当有复杂装配部件不易施焊时，亦可采用边装配边施焊的方法来完成其装配工作。

E. 为了减少变形，可尽量采取先组装焊接成小件，并进行矫正，待施焊产生的内应力消除后，再将小件组装成整体构件。

F. 高层建筑钢结构和框架钢结构构件必须在工厂进行预拼装。

（2）钢结构构件拼装方法。

① 平装法。

平装法操作方便，不需稳定加固措施，不需搭设脚手架，焊缝大多为平焊缝，焊接操作简易，不需技术很高的焊接工人，焊缝质量易于保证，校正及起拱方便、准确。平装法适于拼装跨度校小、构件相对刚度较大的钢结构，如长18 m以内的钢柱、跨度6 m以内的天窗架及跨度21 m以内的钢屋架的拼装。

② 立拼拼装法。

立拼拼装法可一次拼装多个构件，块体占地面积小；不用铺设或搭设专用拼装操作平台或枕木墩，节省材料和工时，省却翻身工序，质量易于保证，不用增设专供块体翻身、倒运、就位、堆放的起重设备，缩短工期。块体拼装连接件或节点的拼接焊缝可两边对称施焊，可防止预制构件连接件或钢构件因节点焊接变形而使整个块体产生侧弯。

但立拼拼装法需搭设一定数量的稳定支架；块体校正、起拱较难；钢构件的连接节点及预制构件的连接件的焊接立缝较多，增加了焊接操作的难度。立拼拼装法适于跨度较大、侧向刚度较差的钢结构，如18 m以上的钢柱、跨度9 m及12 m的窗架、24 m以上钢屋架以及屋架上的天窗架的拼装。

③ 模具拼装法。

模具是指符合工件几何形状或轮廓的模型（内模或外模）。用模具来拼装组焊钢结构，具有产品质量好、生产效率高等许多优点。对成批的板材结构、型钢结构，应当考虑采用模具拼装。

（3）门式刚架斜梁拼接。

斜梁拼接时宜使端板与构件外边缘垂直，如图3-2所示。

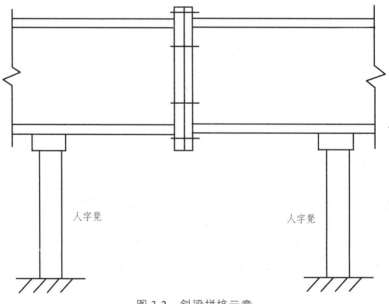

图3-2　斜梁拼接示意

将要拼的单元放在人字凳的拼装平台上，找平→接通线→安装普通螺栓定位→安装高强度螺栓→按拧高强度螺栓顺序由内向外扩展→初拧→终拧→复核尺寸。

轻型钢结构梁的最大弱点是侧向刚度很小，将已拼好的钢梁移动或移下拼装台时，视刚度情况，可采取多吊点吊移的方法。

（4）横梁与柱连接。

横梁与柱直接连接可采用柱顶与梁连接、梁延伸与柱连接和梁柱在角中线连接三种方案，如图 3-3 所示。这三种工地安装连接方案各有优缺点。所有工地连接的焊缝均采用角焊缝，以便于拼装，另加拼接盖板可加强节点刚度。但在有檩条或墙架的结构中会使横梁顶面或柱外立面不平，产生构造上的麻烦。对此，可将柱或梁的翼缘伸长并与对接方柱或梁的腹板连接。

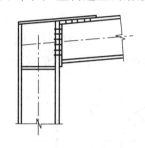 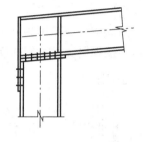 

（a）柱延伸到上部与梁连接　　　（b）梁延伸与柱连接　　　（c）梁柱角接

图 3-3　梁柱螺栓连接节点示意

对于跨度较大的实腹式框架，由于构件运输单元的长度限制，常需在屋脊处做一次工地拼接，可用工地焊接或螺栓连接。工地焊接需用内外加强板，横梁之间的连接用突缘结合。螺栓连接则宜在节点变截面处，以加强节点刚度。拼接板放在受拉的内角翼缘处，变截面处的腹板设有加劲肋，如图 3-4 所示：

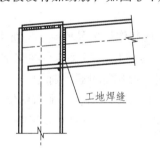  

（a）柱延伸到上部与梁连接　　　（b）梁延伸与柱连接　　　（c）梁柱角接

图 3-4　梁柱螺栓连接节点示意图

3.6.3　钢构件成品检验、管理和包装

（1）钢构件成品检验。

钢结构成品的检查项目各不相同，要依据各工程具体情况而定。若工程无特殊要求，一般检查项目可按该产品的标准、技术图纸、设计文件的要求和使用情况而确定。成品检查工作应在材料质量保证书，工艺措施，各道工序的自检、专检等前期工作后进行。钢构件因其

位置、受力等的不同，其检查的侧重点也有所区别。

（2）钢构件成品管理和包装。

① 标识。

A. 构件重心和吊点的标注。

a. 构件重心的标注：质量在 5 t 以上的复杂构件，一般要标出重心。重心用鲜红色油漆标出，再加上一个向下箭头，如图 3-5 所示：

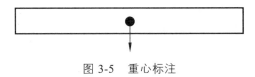

图 3-5　重心标注

b. 吊点的标注：在通常情况下，吊点的标注是由吊耳来实现的。吊耳也称眼板（图 3-6），在制作厂内加工、安装好。眼板及其连接焊缝要做无损探伤，以保证吊运构件时的安全性。

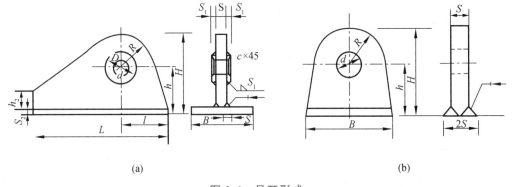

(a)　　　　　　　　　　　　　　　　(b)

图 3-6　吊耳形式

B. 钢结构构件标记。

钢结构构件包装完毕，要对其进行标记。标记一般由承包商在制作厂成品库装运时标明。

对于国内的钢结构用户，其标记可用标签方式带在构件上，也可用油漆直接写在钢结构产品或包装箱上。对于出口的钢结构产品，必须按海运要求和国际通用标准进行标记。

标记通常包括下列内容：工程名称、构件编号、外廓尺寸（长、宽、高，以米为单位）、净重、毛重、始发地点、到达港口、收货单位、制造厂商、发运日期等，必要时要标明重心和吊点位置。

② 堆放。

成品验收后，在装运或包装以前堆放在成品仓库。目前国内钢结构产品的主要大部件都是露天堆放，部分小件一般可用捆扎或装箱的方式放置于室内。由于成品堆放的条件一般较差，所以堆放时更应注意防止失散和变形。

成品堆放时应注意下述事项：

A. 堆放场地的地基要坚实，地面平整干燥，排水良好且不得有积水。

B. 堆放场地内应备有足够的垫木或垫块，使构件得以放平稳，以防构件因堆放方法不正确而产生变形。

C. 钢结构产品不得直接置于地上，要垫高 200 mm 以上。

D. 侧向刚度较大的构件可水平堆放。当多层叠放时，必须使各层垫木在同一垂线上，堆放高度应根据构件来决定。

E. 大型构件的小零件应放在构件的空当内，用螺栓或钢丝固定在构件上。

F. 不同类型的钢构件一般不堆放在一起。同一工程的构件应分类堆放在同一地区内，以便于装车发运。

G. 构件编号要标记在醒目处，构件之间堆放应有一定距离。

H. 钢构件的堆放应尽量靠近公路、铁路，以便运输。

③ 包装。

钢结构的包装方法应根据运输形式而定，并应满足工程合同提出的包装要求。

④ 运输。

发运的构件，单件超过 3 t 的，宜在易见部位用油漆标上质量及重心位置的标志，以免在装、卸车和起吊过程中损坏构件。节点板、高强度螺栓连接面等重要部分要有适当的保护措施，零星的部件等都要按同一类别用螺栓和钢丝紧固成束或包装发运。

多构件运输时应根据钢构件的长度、重量选用车辆。钢构件在运输车辆上的支点、两端伸出的长度及绑扎方法均应保证钢构件不产生变形，不损伤涂层。

钢结构产品一般是陆路车辆运输或者铁路车皮运输。陆路车辆运输现场拼装散件时，使用一般货运车即可。散件运输一般不需装夹，但要能满足在运输过程中不产生过大变形的要求。对于成型大件的运输，可根据产品类型而选用不同车型的运输货车。由于制作厂的大构件运输能力有限，有些大构件的运输则由专业化大件运输公司承担。对于特大件钢结构产品，则应在加工制造以前就与运输有关的各个方面取得联系，并得到批准后方可运输。如果不允许，就只能采用分段制造分段运输方式。在一般情况下，框架钢结构产品的运输多用活络拖斗车，实腹类构件或容器类产品多用大平板车运输。

公路运输装运的高度极限为 4.5 m，如需通过隧道时，则高度极限为 4 m，构件长出车身不得超过 2 m。

钢结构构件的铁路运输，一般由生产厂负责向车站提出车皮计划，由车站调拨车皮装运。铁路运输应遵守国家火车装车限界，当超过限界时，应先向铁路部门提出超宽（或超高）通行报告，经批准后方可在规定的时间运送。

海轮运输时，在到达港口后由海港负责装船，所以要根据离岸码头和到岸港口的装卸能力，来确定钢结构产品运输的外形尺寸、单件重量（即每夹或每箱的总量）。根据构件的具体情况，有时也可考虑采用集装箱运输。内河运输时，则必须考虑每件构件的重量和尺寸，使其不超过当地的起重能力和船体尺寸。国内船只规格参差不齐，装卸能力较差，钢结构产品有时也只能散装，多数不用装夹。

3.6.4 轻钢结构的安装及施工

钢结构安装前，应按构件明细表核对进场的构件，核查质量证明书、设计更改文件、构件交工所必需的技术资料以及大型构件预装排板图。构件应符合设计要求和规范的规定，对主要构件（柱子、吊车梁、屋架等）应进行复检。

构件在运输和安装中应防止涂层损坏；构件在安装现场进行制孔、组装、焊接和螺栓连接时，应符合有关规定；构件安装前应清除附在表面的灰尘、冰雪、油污和泥土等杂物；钢结构需进行强度试验时，应按设计要求和有关标准规定进行。

钢结构的安装工艺，应保证结构稳定性和不致造成构件永久变形。对稳定性较差的构件，起吊前应进行试吊，确认无误后方可正式起吊。钢结构的柱、梁、屋架、支撑等主要构件安装就位后，应立即进行校正、固定。对不能形成稳定的空间体系的结构，应进行临时加固。钢结构安装、校正时，应考虑外界环境（风力、温差、日照等）和焊接变形等因素的影响，由此引起的变形超过允许偏差时，应对其采取调整措施。

（1）安装前的施工准备。

① 钢结构安装应具备下列设计文件。

A. 钢结构设计图；建筑图；有关基础图；钢结构施工详图。

B. 钢结构安装前，应进行图纸自审和会审，并符合下列规定：熟悉并掌握设计文件内容；发现设计中影响构件安装的问题；提出与土建和其他专业工程的配合要求。

② 协调设计、制作和安装之间的关系。

A. 钢结构安装应编制施工组织设计、施工方案或作业设计。

B. 施工前应按施工方案（作业设计）逐级进行技术交底。交底人和被交底人（主要负责人）应在交底记录上签字。

③ 构件运输和堆放。

大型或重型构件的运输应根据行车路线和运输车辆性能编制运输方案。

构件的运输顺序应满足构件吊装进度计划要求。运输构件时，应根据构件的长度、重量、断面形状选用车辆；构件在运输车辆上的支点、两端伸出的长度及绑扎方法均应保证构件不产生永久变形、损伤涂层，应按设计吊点起吊，并附有防止损伤构件的措施。

构件堆放场地应平整坚实，无水坑、冰层，并应有排水设施。构件应按种类、型号、安装顺序分区堆放；构件底层垫块要有足够的支承面；相同型号的构件叠放时，每层构件的支点要在同一垂直线上。

变形的构件应矫正，经检查合格后方可安装。

（2）钢结构工程安装方法。

钢结构工程安装方法有分件安装法、节间安装法和综合安装法。

① 分件安装法。

分件安装法是指起重机在厂房内每开行一次仅安装一种或两种构件。如起重机第一次开行中先吊装全部柱子，并进行校正和最后固定。然后依次吊装地梁、柱间支撑、墙梁、吊车梁、托架（托梁）、屋架、天窗架、屋面支撑和墙板等构件，直至所有构件吊装完成。有时屋面板的吊装也可在屋面上单独用桅杆或屋面小吊车来进行。

分件吊装法的优点是：起重机在每次开行中仅吊装一类构件，吊装内容单一，准备工作简单，校正方便，吊装效率高；有充分时间进行校正；构件可分类在现场顺序预制、排放，场外构件可按先后顺序组织供应；构件预制、吊装、运输、排放条件好，易于布置；可选用起重量较小的起重机械，利用改变起重臂杆长度的方法，分别满足各类构件吊装起重量和起升高度的要求。其缺点是：起重机开行频繁，机械台班费用增加；起重机开行路线长；起重臂长度改变需一定的时间；不能按节间吊装，不能为后续工程及早提供工作面，阻碍了工序的穿插；相对的吊装工期较长；屋面板吊装有时需要有辅助机械设备。

分件吊装法适用于一般中、小型厂房的吊装。

②节间安装法。

节间安装法是指起重机在厂房内一次开行中，分节间依次安装所有各类型构件，即先吊装一个节间柱子，并立即加以校正和最后固定，然后吊装地梁、柱间支撑、墙梁（连续梁）、吊车梁、走道板、柱头系统、托架（托梁）、屋架、天窗架、屋面支撑系统、屋面板和墙板等构件。一个（或几个）节间的全部构件吊装完毕后，起重机再行进至下一个（或几个）节间，进行下一个（或几个）节间全部构件吊装，直至吊装完成。

节间安装法的优点是：起重机开行路线短、停机点少，停机一次可以完成一个（或几个）节间全部构件安装工作，可为后期工程及早提供工作面，可组织交叉平行流水作业，缩短工期；构件制作和吊装误差能及时发现并纠正；吊装完一节间，校正固定一节间，结构整体稳定性好，有利于保证工程质量。其缺点是：需用起重量大的起重机同时起吊各类构件，不能充分发挥起重机效率，无法组织单一构件连续作业；各类构件需交叉配合，场地构件堆放拥挤，吊具、索具更换频繁，准备工作复杂；校正工作零碎、困难；柱子固定时间较长，难以组织连续作业，使吊装时间延长，降低吊装效率；操作面窄，易发生安全事故。

节间安装法适用于采用回转式桅杆进行吊装，或特殊要求的结构（如门式框架）或某种原因局部特殊需要（如急需施工地下设施）时采用。

③综合安装法。

综合安装法是将全部或一个区段的柱头以下部分的构件用分件吊装法吊装，即柱子吊装完毕并校正固定，再按顺序吊装地梁、柱间支撑、吊车梁、走道板、墙梁、托架（托梁），接着按节间综合吊装屋架、天窗架、屋面支撑系统和屋面板等屋面构件。整个吊装过程可按三次流水进行，根据结构特性有时也可采用两次流水，即先吊装柱子，然后分节间吊装其他构件。吊装时通常采用 2 台起重机，一台起重量大的起重机用来吊装柱子、吊车梁、托架和屋面系统等，另一台用来吊装柱间支撑、走道板、地梁、墙梁等构件并承担构件卸车和就位排放工作。

综合安装法综合了分件安装法和节间安装法的优点，能最大限度地发挥起重机的能力和效率，缩短工期，是广泛采用的一种安装方法。

（3）主体钢钢结构的安装。

①柱子安装。

A. 柱子安装前设置标高观测点和中心线标志位置应一致，并应符合下列规定。

标高观测点的设置应符合下列规定：

a. 标高观测点的设置以牛腿（肩梁）支承面为基准，设在便于观测柱之处。

b. 无牛腿（肩梁）柱，应以柱顶端与屋面梁连接的最上一个安装孔中心为基准。

中心线标志的设置应符合下列规定：

a. 在柱底板上表面上行线方向设一条中心标志，列线方向两侧各设一个。

b. 在柱身表面上行线和列线方向各设一个中心线，每条中心线在柱底部、中部（牛腿或肩梁部）和顶部各设一处中心标志。

c. 双牛腿（肩梁）柱在行线方向两个柱身表面分别设中心标志。

B. 多节柱安装时，宜将柱组装整体吊装。

C. 钢柱安装校正应符合下列规定：

a. 应排除阳光侧面照射所引起的偏差。

b. 应根据气温（季节）控制柱垂直度偏差，当气温高于或低于当地平均气温时，应符合下列规定：应以每个伸缩段（两伸缩缝间）设柱间支撑的柱子为基准（垂直度校正至接近"0"），行线方向多跨厂房应以与屋架刚性连接的两柱为基准；气温高于平均气温（夏季）时，其他柱应倾向基准点相反方向；气温低于平均气温（冬季）时，其他柱应倾向基准点方向；柱倾斜值应根据施工时气温与平均温度的温差和构件（吊车梁架等）的跨度或基准点距离决定。

c. 柱子安装的允许偏差应符合表 3-1 的规定。吊车梁固定连接后，柱子尚应进行复测，超差的应进行调整。

d. 对长细比较大的柱子，吊装后应增加临时固定措施。

e. 柱间支撑的安装应在柱子找正后进行，应在保证柱垂直度的情况下安装柱间支撑，且不得弯曲。

表 3-1　单层钢结构中柱子安装的允许偏差

项目		允许偏差/mm	图例	检验方法
柱脚底座中心线对定位轴线的偏移		5.0		用吊线和钢尺检查
柱基准点标高	有吊车梁的柱	+3.0 -5.0		用水准仪检查
	无吊车梁的柱	+5.0 -8.0		
弯曲矢高		$H/1200$，且不应大于 15.0	—	用经纬仪或拉线和钢尺检查
柱轴线垂直度	单层柱 $H \leqslant 10$ m	$H/1000$		用经纬仪或吊线和钢尺检查
	单层柱 $H > 10$ m	$H/1000$，且不应大于 25.0		
	多节柱 单节柱	$H/1000$，且不应大于 10.0		
	多节柱 柱全高	35.0		

② 吊车梁安装。

钢柱吊装完成并经校正固定后，即可吊装吊车梁等构件。

A. 吊点的选择。

钢吊车梁一般采用两点绑扎，对称起吊。吊钩应对称于梁的重心，以便使梁起吊后保持水平。梁的两端用油绳控制，以防吊升就位时左右摆动，碰撞柱子。

对设有预埋吊环的钢吊车梁，可采用带钢钩的吊索直接钩住吊环起吊；对梁自重较大的钢吊车梁，应用卡环与吊环吊索相互连接起吊；对未设置吊环的钢吊车梁，可在梁端靠近支点处用轻便吊索配合卡环绕钢吊车梁下部左右对称绑扎起吊，如图 3-7 所示；或用工具式吊耳起吊，如图 3-8 所示。当起重能力允许时，也可采用将吊车梁与制动梁（或桁架）及支撑等组成一个大部件进行整体吊装，如图 3-9 所示。

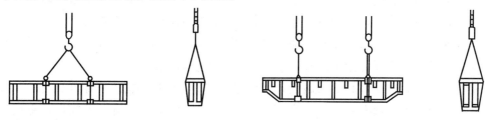

（a）单机起吊绑扎　　　　　　　　　　　（b）双机抬吊绑扎

图 3-7　钢吊车梁的吊装绑扎

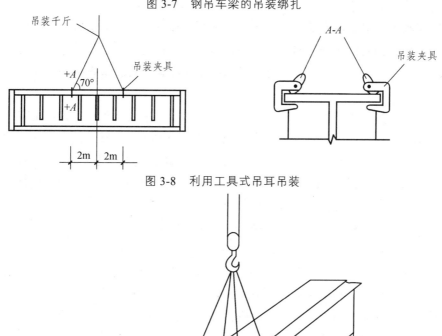

图 3-8　利用工具式吊耳吊装

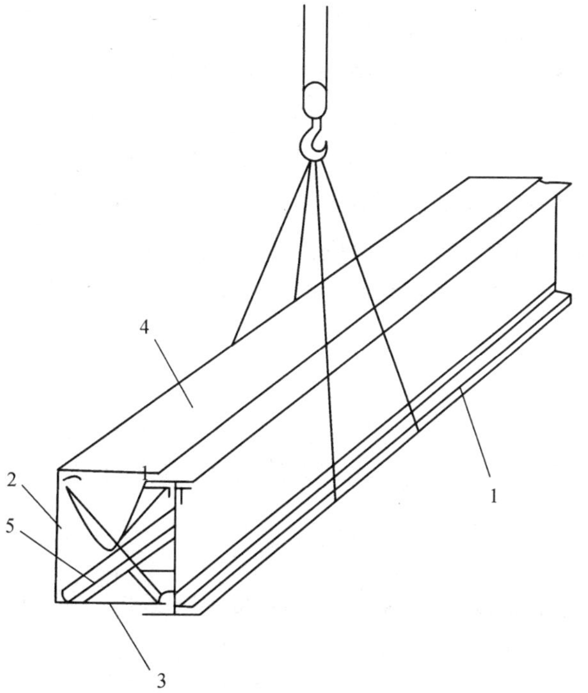

图 3-9　钢吊车梁的组合吊装

1—钢吊车梁；2—侧面桁架；3—底面桁架；4—上平面桁架及走台；5—斜撑

B. 吊升就位和临时固定。

在屋盖吊装之前安装钢吊车梁时，可采用各种起重机进行；在屋盖吊装完毕之后安装钢吊车梁时，可采用短臂履带式起重机或独脚桅杆进行；如无起重机械，也可在屋架端头或柱顶拴滑轮组来安装钢吊车梁，采用此法时对屋架绑扎位置应通过验算确定。

钢吊车梁布置宜接近安装位置，使梁重心对准安装中心。安装顺序可由一端向另一端，或从中间向两端顺序进行。当梁吊升至设计位置离支座顶面约 20 cm 时，用人力扶正，使梁中心线与支承面中心线（或已安装相邻梁中心线）对准，使两端搁置长度相等，缓缓下落。如有偏差，稍稍起吊用撬杠撬正；如支座不平，可用楔形薄钢板垫平。

一般情况下，吊车梁就位后，因梁本身稳定性较好，仅用垫板垫平即可，不需采取临时固定措施。当梁高度与宽度之比大于 4，或遇五级以上大风时，脱钩前，宜用钢丝将钢吊车梁捆绑在柱子上临时固定，以防倾倒。

C. 校正。

钢吊车梁校正一般在梁全部吊装完毕，屋面构件校正并最后固定后进行。但对重量较大的钢吊车梁，因脱钩后撬动比较困难，宜采取边吊边校正的方法。校正内容包括中心线（位移）、轴线间距（跨距）、标高、垂直度等。纵向位移在就位时已基本校正，故需要校正的主要为横向位移。

吊车梁中心线与轴线间距校正：校正吊车梁中心线与轴线间距时，先在吊车轨道两端的地面上，根据柱轴线放出吊车轨道轴线，用钢尺校正两轴线的距离，再用经纬仪放线、钢丝挂线坠或在两端拉钢丝等方法校正，如图 3-10 所示。如有偏差，用撬杠拨正，或在梁端设螺栓，液压千斤顶侧向顶正，如图 3-11 所示。或在柱头挂倒链将吊车梁吊起或用杠杆将吊车梁抬起，再用撬杠配合移动拨正，如图 3-12 所示。

吊车梁标高的校正：当一跨即两排吊车梁全部吊装完毕后，将一台水准仪架设在某一钢吊车梁上或专门搭设的平台上，进行每梁两端的高程测量，计算各点所需垫板厚度，或在柱上测出一定高度的水准点，再用钢尺或样杆量出水准点至梁面铺轨需要的高度，根据测定标高进行校正。校正时用撬杠撬起或在柱头屋架上弦端头节点上挂倒链将吊车梁需垫垫板的一端吊起。重型柱可在梁一端下部用千斤顶顶起填塞钢片，如图 3-11（b）所示。

吊车梁垂直度的校正：在校正标高的同时，用靠尺或线坠在吊车梁的两端测垂直度（图 3-13），用楔形钢板在一侧填塞校正。

D. 最后固定。

钢吊车梁校正完毕后应立即将钢吊车梁与柱牛腿上的预埋件焊接牢固，并在梁柱接头处、吊车梁与柱的空隙处支模浇筑细石混凝土并养护。或将螺母拧紧，将支座与牛腿上垫板焊接进行最后固定。

E. 安装验收。

根据《钢结构工程施工质量验收规范》（GB 50205—2001）的规定，钢吊车梁的允许偏差见表 3-2。

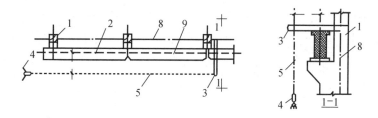

（a）仪器法校正

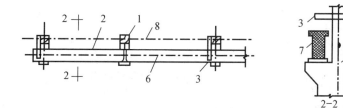

（b）线坠法校正

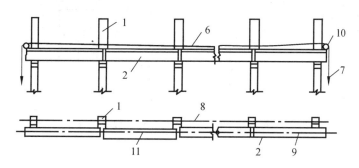

（c）通线法校正

图 3-10　吊车梁轴线的校正

1—柱；2—吊车梁；3—短木尺；4—经纬仪；5—经纬仪与梁轴线平行视线；6—钢丝；7—线坠；8—柱轴线；
9—吊车梁轴线；10—钢管或圆钢；11—偏离中心线的吊车梁

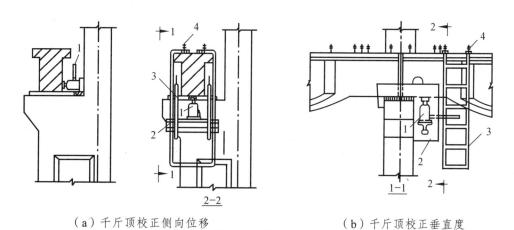

（a）千斤顶校正侧向位移　　　　　　（b）千斤顶校正垂直度

图 3-11　用千斤顶校正吊车梁

1—液压（或螺栓）千斤顶；2—钢托架；3—钢爬梯；4—螺栓

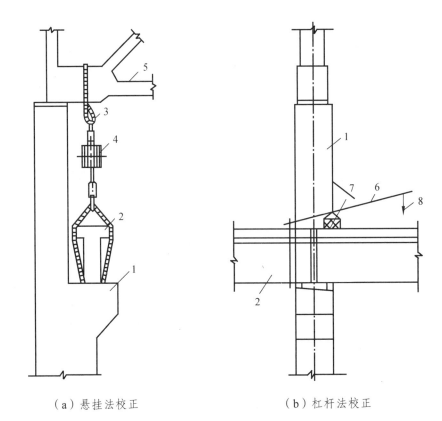

（a）悬挂法校正　　　　　　　　（b）杠杆法校正

图 3-12　用悬挂法和杠杆法校正吊车梁

1—柱；2—吊车梁；3—吊索；4—倒链；5—屋架；6—杠杆；7—支点；8—着力点

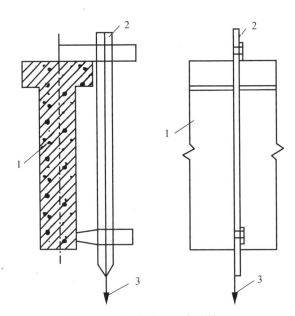

图 3-13　吊车梁垂直度的校正

1—吊车梁；2—靠尺；3—线坠

表 3-2 钢吊车梁的允许偏差

项目		允许偏差/mm	检查方法
梁跨中垂直度		$h/500$	用吊线或钢尺检查
侧向弯曲矢高		$L/1\,500$，且≤10.0	
垂直上拱矢高		10.0	用拉线和钢尺检查
两端支座中心位移	安装在钢柱上时对牛腿中心的偏移	5.0	
	安装在混凝土柱上时对定位轴线的偏移	5.0	
同跨间横截面吊车梁顶面高差	支座处	10.0	用经纬仪、水准仪钢尺检查
	其他处	15.0	
同跨间同一横截面下挂式吊车梁底面高差		10.0	
同列相邻两柱间吊车梁高差		$L/1\,500$，且≤10.0	用经纬仪、钢尺检查
相邻两吊车梁接头部位	中心错位	3.0	用钢尺检查
	上承式顶面高差	1.0	
	下承式底面高差	1.0	
同跨间任一截面的吊车梁中心跨距		±10.0	用经纬仪和光电测距仪检查，距离小时可用钢尺检查
轨道中心对吊车梁腹板轴线的偏移		$t/2$	用吊线和钢尺检查

③ 钢梁安装及高强度螺栓安装。

采用分件安装法、节间安装法或综合安装法进行刚架梁的吊装并进行高强度螺栓连接，即可完成门式刚架斜梁的安装。门式刚架斜梁安装的重点是高强度螺栓连接施工。

A. 高强度螺栓连接副的管理。

采购供使用的高强度螺栓的供应商必须是经国家有关部门认可的专业生产商，采购时，一定要严格按照钢结构设计图纸要求选用螺栓等级。高强度螺栓连接副应由制造厂按批配套供应，每个包装箱内都必须配套装有螺栓、螺母及垫圈，包装箱应能满足储运的要求，并具备防水、密封的功能。包装箱内应带有产品合格证和质量保证书；包装箱外表面应注明批号、规格及数量。

高强度螺栓连接副必须配套供应。其中：扭剪型高强度螺栓连接副每套包括一个螺栓、一个螺母、一个垫圈；高强度大六角头螺栓连接副每套包括一个螺栓、一个螺母、两个垫圈。

要注意高强度螺栓使用前的保管。如保管不善，会引起螺栓生锈及粘上脏物等，进而会改变螺栓的扭矩系数及性能。在保管中要注意如下几点：

a. 螺栓应存放在防潮、防雨、防粉尘的环境中，且按类型和规格分类存放。螺栓连接副应成箱在室内仓库保管，地面应有防潮措施，并按批号、规格分类堆放、保管，使用中不得混批。高强度螺栓连接副包装箱码放底层应架空，距地面高度大于 300 mm，码高不超过 3 层。工地储存高强度螺栓时，应放在干燥、通风、防雨、防潮的仓库内，并不得损伤丝扣和沾染脏物。连接副入库应按包装箱上注明的规格、批号分类存放。

b. 螺栓应轻拿轻放，防止撞击、损坏包装和损坏螺栓。使用前尽可能不要开箱，以免破坏包装的密封性。开箱取出部分螺栓后也应原封包装好，以免沾染灰尘和锈蚀。在施拧前，应尽可能地保持其出厂状态，以免扭矩系数和标准偏差或紧固轴力变异系数发生变化。在运输、保管及使用过程中应轻装轻卸，防止损伤螺纹，发现螺纹损伤严重或雨淋过的螺栓不应使用。

c. 螺栓应在使用时方可打开包装箱，高强度螺栓连接副在安装使用时，工地应按当天计划使用的规格和数量领取，当天安装剩余的必须装回干燥、洁净的容器内，妥善保管，不得乱放、乱扔，并按批号和规格保管，应严格按批号存放、使用。不同批号的螺栓、螺母、垫圈不得混杂使用。

d. 在安装过程中，应注意保护螺栓，不得沾染泥沙等脏物或碰伤螺纹。使用过程中如发现异常情况，应立即停止施工，经检查确认无误后再行施工。

e. 高强度螺栓连接副的保管时间不应超过 6 个月。保管周期超过 6 个月时，若再次使用则须按要求进行扭矩系数试验或紧固轴力试验，检验合格后方可使用。

高强度螺栓检测应符合以下要求：

a. 螺栓均应按设计及规范要求选用其材料和规格，保证其性能符合要求。

b. 连接副的紧固轴力和摩擦面的抗滑移系数试验由制作单位在工厂进行，同时由制造厂按规范提供试件，安装单位在现场进行摩擦面的抗滑移系数试验。

c. 连接副复验用的螺栓应在施工现场待安装的螺栓批中随机抽取，每批应抽取 8 套连接副进行复验。

d. 连接副预拉力可采用经计量检定、校准合格的轴力计进行测试。

e. 试验用的计量器具，应在试验前进行标定，其误差不得超过 2%。

B. 施工机具。

高强度螺栓施工最主要的施工机具就是高强度螺栓电动扳手及手动工具。

C. 结构组装（高强度螺栓安装工艺及方法）。

结构组装前要对摩擦面进行清理，用钢丝刷清除浮锈，用砂轮机清除影响板层间密贴的孔边毛刺、板边毛刺、卷边、切割瘤等。遇有油漆、油污沾染的摩擦面要严格清除后方可吊装。

组装时应用钢钎、冲子等校正孔位，为了接合部钢板间摩擦面贴紧、结合良好，先用临时普通安装螺栓和手动扳手紧固以达到贴紧为止。待结构调整就位以后穿入高强度螺栓，并用带把扳手适当拧紧，再用高强度螺栓逐个取代安装螺栓。

④ 屋面围护系统的安装。

A. 刚架梁的安装应在柱子校正符合规定后进行，应根据场地和起重设备条件，最大限度地将扩大拼装工作在地面完成；刚架斜梁组装，应用临时螺栓和冲钉固定，经检查达到允许偏差后，方可进行节点的永久连接。

B. 安装顺序宜先从靠近山墙的右柱间支撑的两榀刚架开始，在刚架安装完毕后进行校正，然后将其间的檩条、支撑、隔撑等全部装好，并检查其铅垂度。然后以这两榀刚架为起点，向房屋另一端顺序安装。在每片梁吊装到位后，用两根檩条先临时固定住，并将每片梁对应的檩条吊装、摆放到位，并进行檩条安装。安装到复杂间（即有十字撑的开间）后，开始进行整体校正，紧固所有连接螺栓，并安装好对角斜撑。

C. 构件悬吊应选择好吊点。大跨度构件的吊点须经计算确定。对于侧向刚度小、腹板宽厚比大的构件，应采取防止构件扭曲和损坏的措施。构件的捆绑和悬吊部位，应采取防止构件局部变形和损坏的措施。

D. 当山墙架宽度较小时，可选在地面装好，整体起吊安装。

E. 各种支撑的拧紧程度，以不将构件拉弯为原则。

F. 不得利用已安装就位的构件起吊其他重物。不得在主要受力部位焊其他物件。

G. 刚架在施工中以及离开现场的夜间，均应采用支撑和缆绳充分固定。

H. 安装屋面天沟应保证排水坡度。当天沟侧壁设计为屋面板的支承点时，侧壁板顶面应与屋面板其他支承点标高相配合。

屋面系统结构安装的允许偏差应符合表 3-3。

表 3-3　钢屋（托）架、桁架、梁及受压件垂直度和侧向弯曲矢高的允许偏差

项目	允许偏差/mm		图例
跨中的垂直度	$h/250$，且不应大于 15.0		
侧向弯曲矢高 f	$l \leqslant 30$ m	$l/1\,000$，且不应大于 10.0	
	30 m $< l \leqslant 60$ m	$l/1\,000$，且不应大于 30.0	
	$l > 60$ m	$l/1\,000$，且不应大于 50.0	
天窗架垂直度（H 为天窗高度）	$H/250$ 15.0		—
天窗架结构侧向弯曲（L 为天窗架长度）	$L/750$ 10.0		—
檩条间距	+5.0		—
檩条的弯曲（两个方向）（L 为檩条长度）	$L/750$ 20.0		—
当安装在混凝土柱上时，支座中心定位轴线偏移	10.0		—
桁架间距（采用大型混凝土屋面板时）	10.0		—

⑤ 墙面围护系统钢结构安装。

A. 墙面围护系统钢结构指用于墙板与主体结构之间支承连系构件，如墙柱、墙面檩条或桁架、门窗框架、檩条拉杆等构件。

B. 墙柱安装应与基础连系，如无基础对应，则采取临时支撑措施，保证墙柱按要求找正。当其设计为吊挂在其他结构（如吊车梁、辅助桁架等）上时，安装时不得造成被吊挂的结构

超差。

C. 墙面檩条等构件安装应在柱调整定位后进行，柱的安装允许偏差应符合主柱的规定。墙面檩条安装后应用拉杆螺栓调整平直度，其允许偏差应符合表3-4的规定。

表3-4　墙面系统钢结构安装的允许偏差

序号	项目	允许偏差/mm
1	墙柱垂直度 （H为立柱高度）	$H/500$ 35.0
2	立柱侧向弯曲 （H为立柱高度）	$H/750$ 15.0
3	桁架垂直度 （H为桁架高度）	$H/250$ 15.0
4	墙面檩条间距	±5.0
5	檩条侧向弯曲 （两个方向）	$H/750$ 15.0

⑥平台、钢梯及栏杆安装。

A. 钢平台、钢梯栏杆安装应符合现行国家标准《固定式钢梯及平台安全要求　第1部分：钢直梯》GB 4053.1 和《固定式钢梯及平台安全要求　第2部分：钢斜梯》GB 4053.2、《固定式钢梯及平台安全要求　第3部分：工业防护栏杆及钢平台》GB 4053.3 的规定。

B. 平台钢板应铺设平整，与承台梁或框架密贴连接牢固，表面有防滑措施。

C. 栏杆安装连接应牢固可靠，扶手转角应光滑。

D. 梯子、平台和栏杆宜与主要构件同步安装。

E. 平台、梯子和栏杆安装的允许偏差应符合表3-5的规定。

表3-5　平台、钢梯、栏杆安装的允许偏差

序号	项目	允许偏差/mm
1	平台标高	±10.0
2	平台支柱垂直度 （H为支柱高度）	$H/1\,000$ 15.0
3	平台梁水平度 （L为梁长度）	$L/250$ 15.0
4	承重平台梁侧向弯曲 （L为梁长度）	$H/1\,000$ 15.0
5	承重平台梁垂直度 （h为平台梁高度）	$h/250$ 15.0
6	平台表面垂直度 （1 m范围内）	6.0
7	直梯垂直度 （H为直梯高度）	$H/1\,000$ 15.0
8	栏杆高度	±10.0
9	栏杆立柱间距	±10.0

⑦轻钢门式刚架结构的验收。

根据现行国家标准《建筑工程施工质量验收统一标准》（GB 50300—2013）的规定，钢结构作为主体结构之一应按子分部工程竣工验收，当主体结构均为钢结构时应按分部工程竣工验收，大型钢结构工程可划分成若干个子分部工程进行竣工验收。

门式刚架结构钢结构分部工程有关安全及功能和见证检测项目如下：

A. 见证取样送样试验项目：

a. 钢材及焊接材料复验；

b. 高强度螺栓预拉力、扭矩系数复验；

c. 摩擦面抗滑移系数复验。

B. 焊缝质量：

a. 内部缺陷；

b. 外观缺陷；

c. 焊缝尺寸。

C. 高强度螺栓施工质量：

a. 终拧扭矩；

b. 梅花头检查。

D. 柱脚支座：

a. 锚栓紧固；

b. 垫板垫块；

c. 二次灌浆。

E. 主要构件变形：

a. 钢屋（托）架、桁架、钢梁吊车梁等垂直度和侧向弯曲；

b. 钢柱垂直度。

F. 主体结构尺寸：

a. 整体垂直度；

b. 整体平面弯曲。

其检验应在其分项工程验收合格后进行。

G. 钢结构分部工程有关观感质量检验应按《钢结构工程施工质量验收规范》（GB 50205—2001）附录执行。

钢结构分部工程应符合下列规定：

a. 各分项工程质量均应符合合格质量标准；

b. 质量控制资料和文件应完整；

c. 有关安全及功能的检验和见证检测结果应符合规范相应合格质量标准的要求；

d. 有关观感质量应符合规范相应合格质量标准的要求。

钢结构分部工程竣工验收时应提供下列文件和记录：

a. 钢结构工程竣工图纸及相关设计文件；

b. 施工现场质量管理检查记录；

c. 有关安全及功能的检验和见证检测项目检查记录；

d. 有关观感质量检验项目检查记录；

e. 分部工程所含各分项工程质量验收记录；

f. 分项工程所含各检验批质量验收记录；

g. 强制性条文检验项目检查记录及证明文件；

h. 隐蔽工程检验项目检查验收记录；

i. 原材料成品质量合格证明文件中标志及性能检测报告；

j. 不合格项的处理记录及验收记录，重大质量技术问题实施方案及验收记录，其他有关文件和记录。

轻钢门式刚架结构的验收如下：

a. 样板（样杆）制作验收。

样板、样杆上应用油漆写明工作令号、构件编号、大小规格、数量，同时标注上眼孔直径、工作线、弯曲线等各种加工符号。特殊的材料还应注明钢号。所有字母、数字及符号应整洁清楚，如图 3-14 所示。

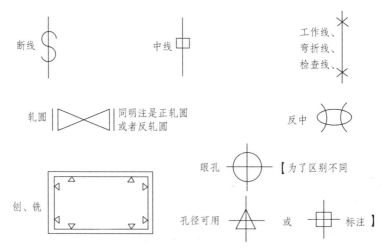

图 3-14 常用的样板符号

放样和样板（样杆）允许偏差应符合表 3-6 的规定，号料的允许偏差见表 3-7，气割和机械剪切的允许偏差见表 3-8 和表 3-9。

表 3-6 放样和样板（样杆）的允许偏差

项目	允许偏差/mm
平行线距离和分段尺寸	±0.5
对角线差	1.0
宽度、长度	±0.5
孔距	±0.5
加工样板的角度	±20′

表 3-7 号料的允许偏差

项目	允许偏差/mm
零件外形尺寸	±1.0
孔距	±0.5

表 3-8　气割的允许偏差

项目	允许偏差/mm
零件宽度、长度	±3.0
切割面平面度	0.05t，且不大于 2.0
割纹深度	0.3
局部缺口深度	1.0

注：t 为切割面厚度。

表 3-9　机械剪切的允许偏差

项目	允许偏差/mm
零件宽度、长度	±3.0
边缘缺棱	1.0
型钢端部垂直度	2.0

b. 焊接验收。

焊缝应根据结构的重要性、荷载特性、焊缝形式、工作环境以及应力状态等情况，按下述原则分别选用不同的质量等级。

在需要进行疲劳计算的构件中，凡对接焊缝均应焊透，其质量等级为：作用力垂直于焊缝长度方向的横向对接焊缝或 T 形对接与角接组合焊缝，受拉时为一级，受压时应为二级；作用力平行于焊缝长度方向的纵向对接焊缝应为二级。

在不需要计算疲劳的构件中，凡要求与母材等强的对接焊缝应予焊透，其质量等级当受拉时应不低于二级，受压时宜为二级。

重级工作制和起重量 $Q \geqslant 50$ t 的中级工作制吊车车梁的腹板与上翼缘之间以及吊车桁架上弦杆与节点之间的 T 形接头焊缝均要求焊透，焊缝形式一般为对接与角接组合焊缝，其质量等级不应低于二级。

不要求焊透的 T 形接头采用的角焊缝或部分焊透的对接焊缝，以及搭接连接采用的角焊缝，其质量等级为：对直接承受动力荷载且需要验算疲劳的结构和吊车起重量不小于 50 t 的中级工作制吊车梁，焊缝的外观质量标准应符合二级；对其他结构，焊缝的外观质量标准可为三级。

c. 高强度螺栓检验。

高强度螺栓的质量检验可以分为两个阶段：第一阶段是根据工艺流程而做的工艺检查；第二阶段是高强度螺栓紧固后的质量检查。两个阶段的检查都很重要，但第一阶段的工艺检查直接决定了高强度螺栓的连接质量。

第一阶段的工艺检查内容有：高强度螺栓的安装方法和安装过程；连接面的处理和清理；高强度螺栓的紧固顺序和紧固方法等。安装工艺的检查是高强度螺栓施工质量检查的重点和关键。

高强度螺栓第二阶段的质量检查内容主要是对大六角高强度螺栓的检查。

用小锤敲击法对高强度螺栓进行普查，防漏拧。"小锤敲击法"是用手指紧按住螺母的一个边，按的位置尽量靠近螺母近垫圈处，然后宜采用质量为 0.3 ~ 0.5 kg 的小锤敲击螺母相对应的另一个边（手按边的对边），如手指感到轻微颤动即为合格，颤动较大即为欠拧或漏拧，完全不颤动即为超拧。

　　进行扭矩检查，抽查每个节点螺栓数的 10%，但不少于 1 个。先在螺母与螺杆的相对应位置画一条细直线，然后将螺母拧松约 60°，再拧到原位（即与该细直线重合）时测得的扭矩，与检查扭矩的偏差在检查扭矩的±10%范围以内即为合格。

　　扭矩检查应在终拧 1 h 以后进行，并且应在 24 h 以内检查完毕。

　　扭矩检查为随机抽样，抽样数量为每个节点的螺栓连接副的 10%，但不少于 1 个连接副。如发现不符合要求的，应重新抽样 10%检查，如仍是不合格的，是欠拧、漏拧的应该重新补拧，是超拧的应予更换螺栓。

　　d. H 型钢构件验收。

　　H 型钢标准在规格与外形尺寸上，我国与日本基本上一致，工程界经常互用替代。但在钢种、材质与性能方面我国标准与日本标准却有较明显的差异，不能替代。比如：很多重点工程上用的国产 Q235 BH 型钢，我国钢厂要保证特定温度下的冲击功值，并在质保书上注明；而目前市场销售的所有非标的 H 型钢其材质是 SS400，SS400 没有相应的冲击功值作保证，如果要保证的话，必须是 SM400B，由于 SM400B 的价格要高于 SS400，进口商进口的均是 SS400。此外，在塑性指标上，国标的 Q235B 对延伸率要求要高于 SS400，在 H 型钢的规格尺寸范围内，延伸率根据翼缘厚度最小值不低于 26%，而 SS400 最小值只要求达到 17%即可，很多可以达到 SS400 标准的进口 H 型钢其塑性指标却不能满足国标的要求，甚至对国标来说是不合格产品。

　　H 型钢构件的允许偏差见表 3-10。

表 3-10　焊接 H 型钢的允许偏差　　　　　　　　单位：mm

项目		允许偏差	图例
截面高度 h	$h<1\,000$	±2.0	
	$500\leqslant h\leqslant 1\,000$	±3.0	
	$h>1\,000$	±4.0	
截面宽度 b		±3.0	
腹板中心偏移		2.0	
翼缘板垂直度 Δ		$b/100$　3.0	

项目		允许偏差	图例
弯曲矢高		$L/1\,000$ 10.0	—
扭曲		$h/250$ 5.0	—
腹板局部平面度 f	$t<14$	3.0	
	$t\geqslant14$	2.0	

e. 预拼装的验收。

预拼装是根据施工图把相关的两个以上成品构件,在工厂制作场地上,按其各构件空间位置总装起来。其目的是直观地反映出各构件装配节点,保证构件安装质量。目前,预拼装已广泛应用于采用高强度螺栓连接的钢结构构件制造中。

预拼装的允许偏差应符合表 3-11 的规定。

表 3-11　钢构件预拼装的允许偏差

构件类型	项目		允许偏差/mm	检验方法
多节柱	预拼装单元总长		±5.0	用钢尺检查
	预拼装单元弯曲矢高		$l/1\,500$,且不应大于 5.0	用拉线和钢尺检查
	接口错边		2.0	用焊缝规检查
	预拼装单元柱身扭曲		$h/200$,且不应大于 5.0	用拉线、吊线和钢尺检查
	顶紧面至任一牛腿距离		±2.0	用钢尺检查
梁	跨度最外两端安装孔或两端支承面最外侧距离		+5.0 -10.0	
	接口截面错位		2.0	用焊缝规检查
	拱度	设计要求起拱	$\pm l/5\,000$	用拉线和钢尺检查
		设计未要求起拱	$l/2\,000$ 0	
	节点处杆件轴线错位		4.0	画线后用钢尺检查
构件平面总体预拼装	各楼层柱距		±4.0	用钢尺量
	相邻楼层梁与梁之间的距离		±3.0	
	各层间框架两对角线之差		$H/2\,000$,应大于 5.0	
	任意两对角线之差		$\sum H/2\,000$,应大于 8.0	

注:l—单元长度;h—截面高度;t—管壁厚度;H—柱高度。

在预拼装时，对螺栓连接的节点板除检查各部位尺寸外，还应用试孔器检查板叠孔的通过率。在施工过程中，错孔的现象时有发生，如错孔在 3.0 mm 以内时，一般都用绞刀铣或锉刀锉孔，其孔径扩大不超过原孔径的 1.2 倍；如错孔超过 3.0 mm，一般用焊条焊补堵孔或更换零件，不得采用钢块填塞。

预拼装检查合格后，对上、下定位中心线，标高基准线，交线中心点等应标注清楚、准确；对管结构、工地焊接连接处，除应标注上述标记外，还应焊接一定数量的卡具、角钢或钢板定位器等，以便按预拼装结果进行安装。

f. 门式刚架组合构件的验收。

组装检验完毕后，可以请设计单位、安装单位、甲方或业主、质量监督站或监理等有关单位共同验收。

门式刚架组合构件的允许偏差应符合表 3-12 的规定。

表 3-12　组合构件尺寸的允许偏差

项目		符号	允许偏差/mm
几何形状	翼缘倾斜度	a_1	±2° 且不大于 5.0
	腹板偏离翼缘中心	a_2	±3.0
	楔形构件小头截面高度	h_0	±4.0
	翼缘竖向错位	a_3	±2.0
	腹板横截面水平弓度	a_4	$h/100$
	腹板纵截面水平弓度	a_5	$h/100$
	构件长度	l	±5.0
孔位置	翼缘端部螺孔至构件纵边距离	a_6	±2.0
	翼缘端部螺孔至构件横边距离	a_7	±2.0
	翼缘中部螺孔至构件纵边距离	a_8	±3.0
	翼缘螺孔纵向间距	s_1	±1.5
	翼缘螺孔横向间距	s_2	±1.5
	翼缘中部孔心的横向偏移	a_9	±3.0
弯曲度	吊车梁弯曲度	c	l 且小于 5（l 以 m 计）
	其他构件弯曲度	c	$2l$ 且小于 5（l 以 m 计）
	上挠度	c_1	$2l$ 且小于 5（l 以 m 计）
端板	上翼缘外侧中点至边孔横距	a_{10}	±3.0
	下翼缘外侧中点至边孔纵距	a_{11}	±3.0
	孔间横向距离	a_{12}	±1.5
	孔间纵向距离	a_{13}	±1.5
	弯曲度（高度为小于 610 m）	c	+3.0（只允许凹进）；-0
	弯曲度（高度为 610～1 220 mm）	c	+5.0（只允许凹进）；-0
	弯曲度（高度大于 1 220 mm）	c	+6.0（只允许凹进）；-0

为了保证隐蔽部位的质量，隐蔽部位应经质控人员检查认可，签发隐蔽部位验收记录，方可封闭。组装出首批构件后，必须由质检部门进行全面检查，经合格认可后方可进行继续组装。

g. 防腐防火涂装工程的验收。

钢材表面在喷射除锈后，随着粗糙度的增大，除锈后钢材的表面积增加了 19%～63%。此外，以棱角磨料进行的喷射除锈，不仅增加了钢材的表面积，而且还能形成三维状态的几何形状，使漆膜与钢材表面产生机械的咬合作用，更进一步提高了漆膜的附着力。随漆膜附着力的显著提高，漆膜的防腐蚀性能和保护寿命也将大大提高。

钢材表面合适的粗糙度有利于漆膜保护性能的提高。但是粗糙度太大或太小都不利于漆膜的保护性能。粗糙度太大，当漆膜用量一定时，会造成漆膜厚度分布的不均匀，特别是在洪峰处的漆膜厚度往往不足而低于设计要求，引起早期的锈蚀；另外，粗糙度太大还常常使钢材表面在较深的波谷凹坑内截留住气泡，成为漆膜起泡的根源。粗糙度太小，不利于附着力的提高。因此，为了确保漆膜的保护性能，对钢材的表面粗糙度有所限制。对于常用涂料而言，合适的粗糙度范围以 30～75 μm 为宜，最大粗糙度值不宜超过 100 μm。

h. 钢结构件的验收资料。

钢构件加工制作完成后，应按照施工图和国标《钢结构工程施工质量验收规范》(GB 50205—2001)的规定进行验收，有的还分工厂验收、工地验收。钢构件出厂时，应提供下列资料：

产品合格证及技术文件；

施工图和设计变更文件；

制作中技术问题处理的协议文件；

钢材、连接材料、涂装材料的质量证明或试验报告；

焊接工艺评定报告；

高强度螺栓摩擦面抗滑移系数试验报告，焊缝无损检验报告及涂层检测资料；

主要构件检验记录；

预拼装记录（由于受运输、吊装条件的限制，以及设计的复杂性，有时构件要分两段或若干段出厂，为了保证工地安装的顺利进行，在出厂前进行预拼装）；

构件发运和包装清单。

3.7 施工现场平面布置

3.7.1 施工平面布置原则

施工平面布置合理与否，将直接关系到施工进度的快慢和安全文明施工管理水平的高低。为保证现场施工顺利进行，具体的施工平面布置原则如下：

（1）在总包项目部的统一布置协调下进行钢结构施工的现场平面布置设计。

（2）紧凑有序、节约用地、尽可能避开拟建工程用地，即在满足施工的条件下，尽量节约施工用地。

（3）适应各施工区生产需要，利于现场施工作业。

（4）在满足施工需要和文明施工的前提下，尽可能减少临时设施的投资。

（5）在保证场内交通运输畅通和满足施工对材料要求的前提下，最大限度地减少场内运输，特别是减少场内二次倒运。

（6）尽量避免对周围环境的干扰和影响。

（7）符合施工现场卫生及安全技术要求和防火规范。

（8）钢结构工程是本工程的重点和难点，应尽量保证足够的钢结构施工用地。

（9）现场临建布置将服从总包项目部安排，设置预制加工区、生活区、办公区、仓库。生活区在考虑不影响现场施工的条件下，尽量靠近施工现场。

3.7.2 施工平面图设计的依据

（1）设计资料：包括建筑总平面图、地形地貌图、区域规划图、建设项目范围内有关的一切已有的和拟建的各种地上、地下设施及位置图。

（2）建设地区资料：包括当地的自然条件和经济技术条件，当地的资源供应状况和运输条件等。

（3）建设项目的建设概况：包括施工方案、施工进度计划。掌握这些资料可以了解各施工阶段情况，合理规划施工现场。

（4）物资需要量资料：包括建筑材料、构件、加工品、施工机械、运输工具等物资的需要量表。掌握这些资料可以规划现场内部的运输路线和材料堆场等的位置。

（5）各构件厂、仓库、临时建筑的位置和尺寸。

3.7.3 施工平面图是施工组织设计的主要组成部分和重要内容

施工现场平面布置图应包括下列内容：

（1）工程施工场地状况。

（2）拟建建筑物（构筑物）的位置、轮廓尺寸、层数等。

（3）工程施工现场的加工设施、存储设施、办公和生活用房等的位置和面积。

（4）布置在工程施工现场的垂直运输设施、供电设施、供水供热设施、排水排污设施和临时施工道路等。

（5）施工现场必备的安全、消防、保卫和环境保护等设施。

（6）相邻的地上、地下既有建（构）筑物及相关环境。

3.7.4 钢结构工程施工平面图的设计步骤

（1）根据施工现场的条件和吊装工艺，布置构件和起重机械。

（2）合理布置施工材料和构件的堆场以及现场临时仓库。

（3）布置现场运输道路。

（4）根据劳动保护、保安、防火要求布置现场行政管理及生活用临时设施。

（5）布置工人用水、用电、用气管网。

（6）用 1∶500～1∶200 比例尺绘制钢结构工程施工平面图。

3.8 主要技术经济指标

施工组织设计主要技术经济指标是衡量施工组织设计编制质量的一个标准，包括劳动力均衡性指标、工期指标、劳动生产率、机械化程度、机械利用率、降低成本等指标。降低成本指标可以综合反映采用不同施工方案时的经济效果，一般可用降低成本率来表示。

钢结构与轻钢结构施工组织设计的一般编制流程如下：

（1）熟悉招标文件和设计图纸。

（2）现场踏勘。

（3）现场答疑。

（4）计算工程量。分段、分层进行计算，确定每层最重最长构件。

（5）选择大型机械设备。塔吊、汽车吊，至少两种方案，进行方案比选。

（6）编制资源计划。根据总进度计划要求编制现场安装进度计划，根据现场安装进度编制构件加工进度，根据加工进度编制材料采购计划；编制劳动力计划。

（7）主要施工方法。

（8）编制质量、安全、进度、环境等主要管理体系。

（9）调整优化。

实训 3

1. 钢结构与轻钢结构施工组织设计应包括哪些基本内容？

2. 钢结构与轻钢结构施工组织设计的编制依据有哪些？

3. 轻钢结构制作工艺流程包括哪些？

4. 轻钢结构安装施工准备工作有哪些？

5. 常用轻钢结构安装方法有哪些？

6. 简述吊车梁安装工艺。

7. 轻钢结构构件的验收资料包括哪些？

8. 请根据实训室现有材料搭设单层轻钢结构建筑。

4 装配式建筑施工组织设计案例

4.1 工程概况

4.1.1 建筑、结构特征

拟建工程为某市拖拉机厂冲压车间，总建筑面积 2 364.19 m²，结构形式为双跨等高钢筋混凝土桥架结构。全长（6×11）m=66 m，主跨 24 m，辅跨 18 m，室外地面平均-0.20 m 且大致平整，柱顶标高为 12.4 m。要求杯形基础现场浇筑、预应力屋架和柱现场预制，其他构件一律由构件厂预制。厂房外围护结构为 370 砖墙、局部抹灰；室外地坪为 80 厚混凝土垫层随打随抹光。详见图 4-1：

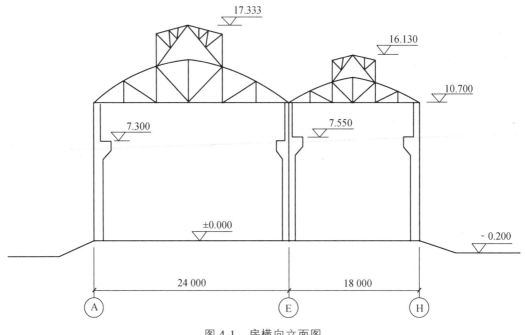

图 4-1 房横向立面图

4.1.2 施工条件

该市为中亚热带湿润气候带，四季分明，雨量充沛，年均降雨量达 1 386 mm，年均蒸发量为 1 045.9 mm，无霜期长，年平均气温为 16.5 ~ 18 ℃，年均日照 1 178 h，主导风向是北风，次主导风向是西北风，平均风速 1.3 m/s，最大风速 16.7 m/s。

本工程由该市某建筑公司承建。施工体制为单位工程栋号承包制。施工机械设备、材料、技术等由公司按申请计划调配。公司预制厂距现场 5 km。施工用电、用水由甲方联系，从本市水电网引入。临时设施除工人宿舍外均可修建。施工单位为一级企业，具有一定的施工技术和管理水平。可供选择的起重机包括多种型号的履带式汽车式起重机。

4.1.3 工期要求

参考国家工期定额、甲乙双方签订合同工期为 270 d，自 3 月 29 日开工，12 月 29 日竣工。（其中土建 215 d，至 10 月 20 日退出）。

4.1.4 施工关键

本工程为单层两跨厂房，其构件数量多，单根构件重量大，构件安装高度大，增加了结构吊装的施工难度，因此施工重点在于吊装方法、吊装机械的选用。屋架和柱子现场预制时，应选择合理的预制方案，严格控制钢筋的张拉值。吊车梁、各跨构件支撑均为钢构件，因此，各钢构件的制作安装相当重要。

工程能否优质、快速地建造成功，关键在于施工队伍及项目班子的选择，应具有类似工程的施工经历及管理总体协调能力，才能有效把握本工程多专业、多工种同时穿插作业，满足质量、工期的要求。土建与安装的配合施工是保证工程质量进度的关键。

4.2 施工准备

4.2.1 技术准备

（1）根据工程设计要求及施工特点编制施工组织设计。

（2）组织项目工程技术人员认真学习、熟悉图纸，并安排业主、设计院、监理单位、公司技术部门、项目部工程科进行图纸会审，做好记录，以作为施工图的补充。

（3）对进场人员进行技术交底。

交底顺序为：公司总工程师→项目经理→项目施工管理人员→班组。并以书面形式表达，班组长在接受交底后，认真贯彻施工意图。安全技术交底随同任务单一起下达到班组。

（4）项目核算员对工程进行成本核算分析。

（5）根据建筑红线进行测量放线工作。

4.2.2 现场准备

（1）施工员、测量员根据建筑红线规划图和建设监理方、设计院核定的水平标高点，结合现场的实际情况，建立相对标高测量点、轴线控制网（点）、标高控制点和沉降观察点，并设专人管理和检查，保证测量网点的稳定、正确、可靠。

（2）完善已建施工围墙，将现场内积水抽干，为土方开挖做好准备。

（3）施工现场道路：如图4-2，按施工平面布置图位置，出入口道路$B\geqslant8.0m$，施工现场道路$B\geqslant6.0m$，修筑临时施工道路，将场内永久性道路与临时施工道路结合起来，以保证现场施工道路畅通无阻，雨季做好路旁排水工作。

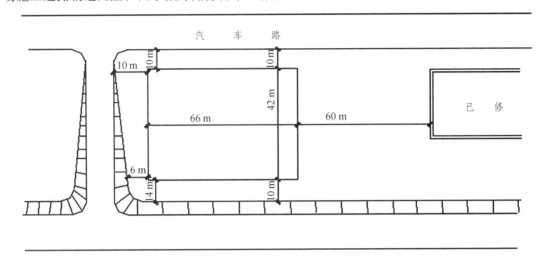

图4-2　场区道路

（4）做好施工现场排水工作：一是雨季排水沟，二是施工污水经沉淀后排至现场污水管（沟）进入厂区排污管网。

（5）根据施工现场用水、用电量及平面布置图，埋（架）设施工现场临时用水、用电管线。

（6）搭设临时设施：

① 本工程施工人员及操作工人食宿均在现场。

② 施工现场搭设临时设施详见表4-1。

表4-1　临时设施统计

临时设施名称	钢筋房	木工房	搅拌棚	水泥库	材料库	监理办公室	施工办公室	会议室	门卫	职工宿舍	食堂	厕所
搭设面积/m²	54	54	3×10^2	3×16^2	3×24^2	12	2×12	20	12	18×16	36	20

4.2.3　劳动力需用计划

本工程人员组织以精干为原则，尽量配备一专多能的技术工人，在本工程项目部的领导下，组成一支技术过硬的施工队伍。根据工程情况预计施工高峰期人数为200人，其中管理人员15人，工人185人。

施工期人员数量详见表4-2及劳动力动态分布图所示。

表 4-2　劳动力需用计划

工种名称	每 月 所 需 人 数						
	第1月	第2月	第3月	第4月	第5月	第6月	第7月
模板工	24	24	24	24	0	0	0
钢筋工	30	30	30	30	12	12	4
木工	30	30	30	30	16	6	3
混凝土工	24	24	24	24	4	4	0
架工	0	0	0	0	20	20	4
泥工	16	16	16	6	6	0	0
普工	40	40	35	35	25	25	10
水电工	6	6	6	6	6	6	6
机操工	3	3	3	3	2	2	0
防水工	0	0	0	0	20	20	0
油漆工	0	0	0	0	0	30	30
电焊工	12	12	12	12	12	2	0
吊装组	0	0	0	12	12	0	0
合计	185	185	180	182	135	127	57

4.2.4　施工机械配备

本工程根据施工实际情况及公司现有机械设备情况，选用其主要机械设备详见表4-3所示。

表 4-3　主要施工机械设备

序号	机械名称	单位	台数	型　号	功率/kW	备　注
1	125 t 起重机	台	1	125-TC		结构吊装前2 d进场
2	40 t 履带吊车	台	1	440-S		结构吊装前2 d进场
3	50 t 履带吊车	台	1	QUY50		125 t退场时进场
4	混凝土搅拌机	台	3	JEC-350	3×7.5	
5	钢筋切断机	台	2	GQ400	2×7.0	
6	钢筋成型机	台	2	GWJ40B	2×2.8	
7	钢筋调直机	台	2	KDZ-500	2×2.0	
8	交流电焊机	台	4	BX500	4×11 kV·A	
9	闪光对焊机	台	1	UN-100	100 kV·A	
10	木工圆盘锯	台	2	MJ-104	2×3.0	

序号	机械名称	单位	台数	型　号	功率/kW	备　注
11	木工平刨机	台	2	MB-103	2×2.8	
12	插入式振动器	根	12	EN-70A	12×1.3	
13	平板式振动器	套	6	PE-501	6×1.1	
14	蛙式打夯机	台	5	HW-20	5×1.5	
15	柴油发电机	台	1	120W		
16	潜水电机	台	3	QGD		
17	经纬仪	台	2	J2 型		
18	水准仪	台	2	DZS3-D 型精度 S3		
19	测距仪	台	1	Ⅱ～Ⅲ级		
20	回弹仪	台	2			用于混凝土强度检测
21	磅秤	台	3			
22	手推车	辆	20			用于场内运输
23	装载机	辆	2	>3 m^3		用于土方运输
24	自卸汽车	辆	5	5 t		用于材料运输
25	液压挖掘机	台	1	>1 m^3		用于土方开挖
合计功率				P_1=87.4 kW；P_2=144 kV·A		

4.3　预制工程

4.3.1　构件预制方案选择

场地平整、夯实→放线→绑扎钢筋和安装预埋铁件→支模→浇灌混凝土→拆模板→养护。

4.3.2　柱子及屋架混凝土构件制作

（1）模板工程。

①模板支设方法。

本工程现场预制的混凝土构件底模均采用砖砌筑成底模，用木料作侧模，均采用两层叠浇。其支模示意如图 4-3 所示。下层混凝土强度达 30%后，翻转上模，再浇上层构件。下层柱浇筑前必须检查好底模的平整度。上下两层之间采用塑料薄膜或油纸作隔离层。

②模板支设的质量要求。

A. 模板的搭设必须准确掌握构件的几何尺寸，保证轴线位置的准确。

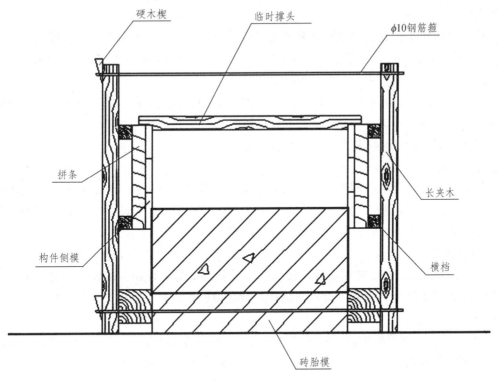

图 4-3　构件重叠支模

B. 模板应具有足够的强度、刚度和稳定性，能可靠地承受新浇混凝土的重量、侧压力以及施工荷载。浇筑前应检查承重架及加固支撑扣件是否拧紧。

C. 模板的安装误差应严格控制在允许范围内。

③ 模板的拆除。

为保证后续工作能迅速插入，在混凝土浇筑过程中加入外加剂，以利拆模工作的提早进行。模板拆除应以同期试块的试压强度作为依据。

拆模时不得用铁橇撬开模板，还要保护模板边角和混凝土边角，拆下的模板要及时清理，并刷隔离剂，确保下次浇筑质量。

（2）钢筋工程。

① 钢筋加工。

本工程钢筋进场后应检查是否有出厂合格证，并经复试后才能进行加工。所有钢筋堆放及加工均在现场进行。现场钢筋加工机械设弯曲机 2 台、切断机 2 台、调直机 2 台、交流电焊机 4 台、闪光对焊机 1 台。

钢筋加工严格按照钢筋配料单进行，加工的钢筋半成品堆放在指定的范围内，并按规定明码挂单，防止使用时发生混乱。现场施工员应对加工的钢筋验收后才能绑扎。

② 钢筋连接。

本工程钢筋连接拟采用闪光对焊。

钢筋加工的形状、尺寸必须符合设计要求，钢筋的表面确保洁净、无损伤、无斑点，不得使用带有颗粒状或片状老锈的钢筋；钢筋的弯钩应按施工图纸中的规定执行，同时也应满足有关规范的规定。

③ 钢筋焊接。

钢筋焊接的接头形式、焊接工艺和质量验收，应符合国家现行标准《钢筋焊接及验收规程》（JGJ 18—2012）的有关规定。钢筋焊接接头的试验应符合国家现行标准《钢筋焊接接头试验方法标准》（JGJ/T 27—2014）的有关规定。

钢筋焊接前，必须根据施工条件进行试焊合格后方可焊接；焊工必须有焊工考试合格证，并在规定的范围内进行焊接操作；焊接网以及焊接骨架的允许偏差应符合有关规定。受力钢筋焊接接头在同一构件时应相互错开，符合有关规定。

④ 钢筋绑扎。

钢筋的绑扎，将严格遵照施工与验收规范，并注重原材料检验、构造要求以及锚固搭接长度等技术规范。在混凝土浇筑施工时，配备钢筋工跟踪检查、校正；对于在安装预留预埋中被割断、损坏的钢筋，必须采取有效的加固措施。

⑤ 钢筋工程施工要求。

A. 预见性地提出和处理钢筋有关设计的矛盾问题或施工难处，需核定的要及时与设计院、建设单位联系核定，做到准确认真翻样。所有钢筋下料单及翻样处理均由现场工程科负责校审批准。

B. 在工程开工或每批钢筋正式焊接生产之前，采用与生产相同的钢筋、焊条以及相同的焊接条件和接头形式制作三个抗拉试件，试验合格后，才允许正式生产。

C. 钢筋在受力支座处的锚固长度，图纸有规定的照图施工，当图纸无规定时按规范施工。

D. 对钢筋制成的半成品进行挂牌验收，专人负责清料，质检员负责抽查。

（3）混凝土工程。

混凝土工程的施工工序为：配合比计算→原材料计算、外加剂→混凝土搅拌→混凝土运输→混凝土浇筑及振捣→养护。

施工中严格计量，砂、石应常测定含水率，根据含水率随时调整施工配合比。搅拌时先加石子，后加水泥，最后加砂和水，也可以采用"裹砂石法混凝土搅拌工艺"，它分两次加水，两次搅拌，可使混凝土强度提高 10% ~ 20% 或节约水泥 5% ~ 10%。严格控制搅拌时间（≥1.5 min），切实保证拌和物的均匀性和水灰比，混凝土坍落度应控制在 50 ~ 70 mm，并掺早强剂及减水剂，其目的是严格控制混凝土砂率，水灰比尽可能取较小值，以确保混凝土强度和预制构件质量，以便于结构吊装尽早开始。同时，砂、石含泥量严格按其指标下限进行控制，砂必须使用符合筛分曲线的中粗砂，粗骨料则使用 5 ~ 32 mm 连续级配碎石。

混凝土浇灌前应对模板、钢筋、预留洞的位置、数量及模板系统牢固情况进行综合检查，合格后，请质监、监理、建设单位代表进行隐蔽验收，办理隐蔽验收记录后，方可浇筑混凝土，并作自检和工序交接记录。

钢筋上的泥土、油污，模板内的垃圾、杂物应清除干净，木模板应浇水湿润，缝隙应堵严。混凝土浇筑应连续浇灌，以保证结构有良好的整体性，间歇时间不应超过 180 min。本工程所有预制构件均不允许留设施工缝。混凝土灌注后采用插入式振动器振捣，振动器在每一点插点上的振捣延续时间，以混凝土表面呈水平并出现水泥浆和不再出现气泡、不再明显沉落为度，振捣时间一般为 20 ~ 30 s。

在混凝土浇筑完毕后的 12 h 以内对混凝土加以覆盖和浇水养护。当混凝土中无外加剂掺入时，养护时间不得少于 7 d；当混凝土中有外加剂掺入时，养护时间不得少于 14 d。

混凝土浇筑过程中，按照现行规范的要求，随机取样制作试块，28 d 做抗压强度检验：

① 每拌制 100 盘且不超过 100 m³ 的同配合比的混凝土，其取样不得少于一次。

② 每工作班拌制的同配合比的混凝土不足 100 盘时，其取样不得少于一次。

③ 以上每次取样至少留置一组标准试件，每组 3 个试件应在同盘混凝土中取样制作。

4.3.3 后张法预应力屋架制作

（1）工艺流程。

后张法工艺流程详见图 4-4 所示。

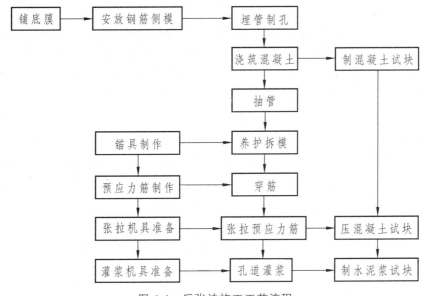

图 4-4　后张法施工工艺流程

（2）施工方法。

① 孔道留设。

本工程后张法屋架下弦中的孔道采用胶管抽芯法。为保证预留孔道的质量，施工时应注意以下几点：

A. 胶管必须具有良好的密封装置，不允许在混凝土硬化过程中漏气或漏水。

B. 施工前应对所有胶管作压力试验，检查是否有漏气或漏水现象，密封装置是否完好。

C. 胶管接头处理，当预留孔道长＞25 m 时，需要接长胶管，但必须注意密封。

D. 抽管时间应以气温和灌筑后的小时数的乘积达到 200 ℃·h 为依据，且抽管顺序应先上后下，先曲后直。

② 预应力筋张拉。

屋架预应力筋张拉必须待混凝土强度达到 100% 后方可进行。本工程根据 G415（二）图集，决定选用Ⅱ级钢螺丝端杆锚固方案，预应筋选用 $4\phi^{L}25$，冷拉采用应力控制方法，张拉控制应力：

$\sigma_{con}=0.85f_{pyk}=0.85\times450\ \text{N/mm}^2=382.5\ \text{N/mm}^2$，选用 $0\rightarrow1.03\sigma_{con}$ 张拉程序，每根钢筋的拉力为 188 kN。张拉决定采用 YL60 千斤顶进行张拉。

③ 孔道灌浆。

预应筋张拉完后，即进行孔道灌浆。浇灌前先用清水洗干净和湿润孔壁，灌浆料采用 C40 细石混凝土，灌浆应按照先下后上的顺序进行施工，以免上层孔道漏浆把下层孔道堵塞。浇灌混凝土应采用机械捣实，振捣必须保证混凝土饱满密实。当灌浆混凝土强度达到 75% 时，方可在离构件外端 50 mm 处切断预应力筋，留出的预应力筋用 C40 细石混凝土封埋。

（3）张拉注意事项。

① 在预应力作业中，必须特别注意安全，以免预应力筋被拉断或锚具与张拉千斤顶失效，造成很大的危害。因此，在任何情况下，作业人员都不得站在预应力筋的两端，同时在张拉千斤顶的后面应设防护装置。

② 操作千斤顶和测量伸长值的人员，应站在千斤顶侧面操作，严格遵守操作规程。油泵开动过程中，不得擅自离开岗位，如需离开，必须把油阀门全部松开或切断电路。

③ 张拉时应认真做到孔道、锚环与千斤顶三对中，以便张拉工作顺利进行，并不致增加孔道摩擦损失。

④ 每根构件张拉完毕后，应检查端部和其他部位是否有裂缝，并填写张拉记录表。

柱、屋架现场预制，用履带式起重机吊装。结构起吊安装采用分件安装法，在吊装过程中，不需频繁更换索具，容易操作，且吊装速度快，符合本工程吊装特点。先吊装柱，然后吊装吊车梁，最后是屋盖系统，包括屋架、连系梁和屋面板，一次安装完毕。其中柱子绑扎采用斜吊绑扎法，起吊采用旋转法，屋架选用综合吊装法。

主要构件吊装前必须切实做好各项准备工作，包括场地的清理，吊车行走道路的建筑，基础的准备，构件的运输、就位、堆放、加固、调查清理、弹线编号以及吊装机具的准备等。

4.4 结构吊装工程

4.4.1 结构吊装方案的选择

本工程冲压车间厂房柱子质量为 6.40～6.90 t，柱长度为 11.80 m；抗风柱的质量为 5.75～5.81 t，柱子长度为 14.06～14.24 m；屋架、托架、吊车梁、屋面板等构件质量为 0.33～7.15 t，屋架最大安装标高为 18.350 m，屋面板最大安装标高为 17.375 m。根据以上特点，经调查、研究、分析提出如下吊装方案：

小件加工段跨厂房柱子选用一台 25 t 履带式起重机进行吊装，装配工段跨厂房柱子及屋架等构件选用一台 40 t 履带式起重机进行。

（1）起重机吊装柱开行路线详见图 4-5 所示。

（2）起重机吊装吊车梁、屋盖系统开行路线详见图 4-6 所示。

（3）结构吊装进度安排详见图 4-7 所示。

（4）主要构件需求表见表 4-4 所示。

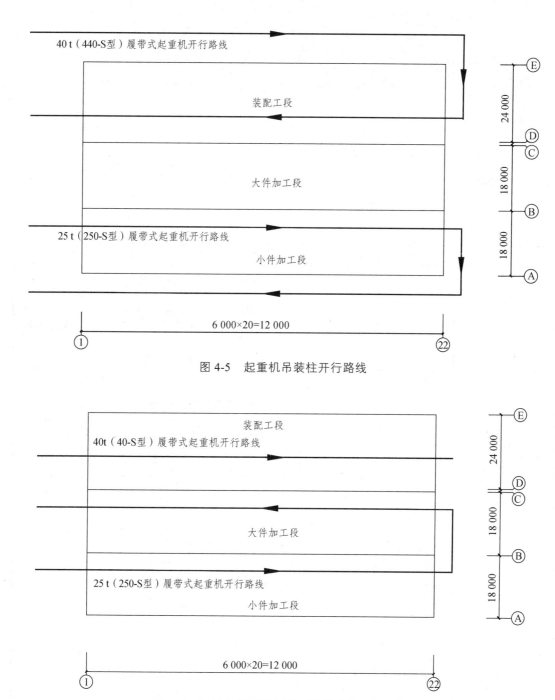

图 4-5　起重机吊装柱开行路线

图 4-6　起重机吊装吊车梁、屋盖系统开行路线

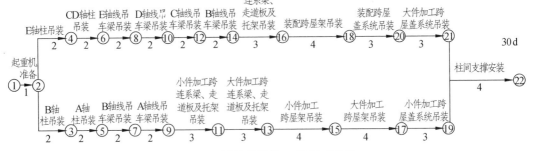

图 4-7　结构吊装施工流程网络图

表 4-4　主要构件需求

构件名称及编号	图纸名称	构件质量/t	构件形状及主要尺寸/mm	备注
柱 Z_A		6.4	3 400 11 800	工字形 400×800
柱 Z_E		6.9	3 400 11 800	
柱 Z_H		6.9	3 150 11 800	
抗风柱 Z_{1-1}		5.75	2 460 14 060	工字形 400×600
Z_{1-2}		5.81	2 460 14 240	
基础梁 JL		1.67	250×450×5 950	
吊车梁 DL-9 DL-3	GB 108A	2.84 1.63	80　400 100　450~800	鱼腹式 非预应力
连系梁 LL		1.08	250×300×5 950	
预应力 拱形屋架 YGJ-24 YGJ-18	GB-324	7.15 4.46	150 3 200 100 3 435 250 3 600 3 750 4 500 12 000 150 2 850 3 000 3 000 9 000 100 3 025 125 2 750 145 1 180 1 480 1 180 2 650 396 1 480 1 480	

构件名称及编号	图纸名称	构件质量/t	构件形状及主要尺寸/mm	备注
钢天窗架 9 m 6 m	GB-202	0.53 0.33		
天窗侧板 CB	GB-202	0.64	槽形 5 950 长	
预应力大型屋面板 YDB-1 YDB-1c		1.02 1.20	1 500×6 000×0.24 1 800×6 000×0.24	

4.4.2 吊装前的技术准备工作

施工前必须切实做好各项准备工作。准备工作的内容包括：场地检查、基础准备、构件准备和机具准备等。施工现场已做好三通一平等。

（1）场地检查。

场地检查包括比如起重机开行道路是否平整坚实、运输方便，构件堆放场地是否平整坚实，起重机回转范围内有无障碍物，电源是否接通，等等。

（2）基础准备。

装配式钢筋混凝土柱基础一般设计成杯形基础，且在施工现场就地浇筑。在浇筑杯形基础时，应保持定位轴线及杯口尺寸准确，做到基础杯口底表面找平，基础面中心标记清晰，钢楔准备充足，柱四面中心线标记清晰。柱插入杯口部分应清洗干净，不得有泥土、油污等；柱上绑扎好高空用临时爬梯、操作挂篮。

在吊装前要在基础杯口面上弹出建筑物的纵、横定位线和柱的吊装准线，作为柱对位、校正的依据。如吊装时发生有不便于下道工序的较大误差，应进行纠正。基础杯底标高，在吊装前应根据柱子制作的实际长度（从牛腿面或柱顶至柱脚尺寸），进行一次调整。调整方法是测出杯底原有标高（小柱测中间一点，大柱测 4 个角点），再量出柱的实际长度，结合柱脚底面制作的误差情况，计算出标底标高调整值，并在杯口内标出，然后用 1∶2 水泥砂浆或细石混凝土（调整值大于 20 mm）将杯底垫平至标志处。

（3）构件准备。

连系梁、屋面板等由预制厂生产；柱、吊车梁、预应力屋架为现场预制；构件准备包括检查与清理、弹线与编号、运输与堆放、拼装与加固等。

（4）人员和机具准备。

吊装施工期间，劳动力及有关机具满足施工要求，有常用的起重机供选择。

4.4.3 起重机械选择

起重机类型的选择依据是：工程结构的类型、特点；建筑结构的平面形状；建筑结构的平面尺寸；建筑结构的最大安装高度；构件的最大质量和安装位置等。在确定了起重机类型后，即可根据建筑结构构件的尺寸、质量和最大的安装高度来选择机械的型号，所选择的型号必须满足臂长、起吊高度、起吊幅度和起吊质量的要求。

根据本工程现有设备，选择履带式起重机进行结构吊装，并对主要结构吊装时的工作参数计算[图 4-8（a）]如下：

（1）柱子。

Z_A：起吊质量：$Q=Q_1+Q_2=6.4\ t+0.2\ t=6.6\ t$

起吊高度：$H=h_1+h_2+h_3+h_4=0+0.3\ m+[11.8\ m-（10.7\ m-7.3\ m）-1.36\ m]+2\ m=9.34\ m$

$Z_{E,H}$：起吊质量：$Q=Q_1+Q_2=6.9\ t+0.2\ t=7.1\ t$

起吊高度：$H=h_1+h_2+h_3+h_4=0+0.3\ m+（11.8\ m-3.15\ m-1.36\ m）+2\ m=9.59\ m$

Z_{1-1}：起吊质量：$Q=Q_1+Q_2=5.75\ t+0.2\ t=5.95\ t$

起吊高度：$H=h_1+h_2+h_3+h_4=0+0.3\ m+2×14.061\ 3\ m+2\ m=11.67\ m$

Z_{2-2}：起吊质量：$Q=Q_1+Q_2=5.81\ t+0.2\ t=6.01\ t$

起吊高度：$H=h_1+h_2+h_3+h_4=0+0.3\ m+2×14.241\ 3\ m+2\ m=11.79\ m$

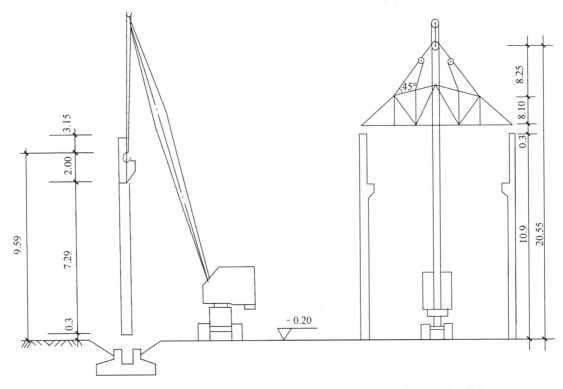

Z_E 柱起吊高度计算简图　　　　　　　　　　　　　屋架起吊高度计算简图

图 4-8　柱和屋架吊装（单位：m）

（2）屋架[图 4-8（b）]。

起吊质量：$Q=Q_1+Q_2=7.15\ t+0.2\ t=7.35\ t$

起吊高度：$H=h_1+h_2+h_3+h_4=（10.7\ m+0.2\ m）+0.3\ m+10\ m+8.25\ m=20.55\ m$

（3）屋面板（图 4-9）。

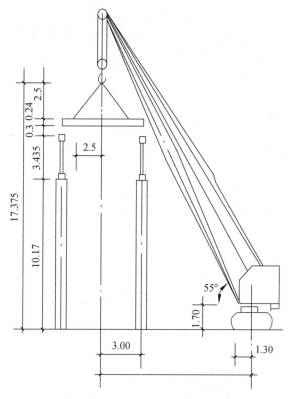

图 4-9　吊装屋面板计算简图

起吊质量：$Q=Q_1+Q_2=1.2\ \text{t}+0.2\ \text{t}=1.4\ \text{t}$

起吊高度：$H=h_1+h_2+h_3+h_4=（14.135\ \text{m}+0.2\ \text{m}）+0.3\ \text{m}+0.24\ \text{m}+2.5\ \text{m}=17.375\ \text{m}$

起重机吊装中跨屋面板时，起重钩需伸过已吊装好的屋架 3 m，且起重臂轴线与已吊装好的屋架上弦中线必须有大于 1 m 的水平间隙，据此来计算起重机的最小起重臂长 L 和起重倾角 α。

最小起重臂长度时的起重臂仰角：

$$\alpha=\arctan\sqrt[3]{\dfrac{h}{f+g}}=55.58°$$

所需最小起重臂长度：

$$L_{\min}=h/\sin\alpha+（f+g）/\cos\alpha=12.435/\sin55.58°+4/\cos55.58°=22.15\ \text{m}$$

根据对上述参数的计算，并结合履带式起重机情况选择 W1-100 型履带式起重机。

此时吊装屋面板的工作幅度 R：

$$R=F+L\times\cos\alpha=1.3\ \text{m}+23\ \text{m}\times\cos55°=14.49\ \text{m}$$

当 $L=23$ m、$R=14.49$ m 时，$Q=1.4$ t<1.7 t，$H=20.55$ m>19 m，故不满足吊装跨中屋面板要求。选 W1-200 起重机，最小臂长 30 m，$H=20.55$ m<26.8 m。

综上，选择 W1-200 型履带式起重机完成本工程的结构吊装工作。

吊装构件起重机的工作参数如表 4-5：

表 4-5　主要构件需求

构件名称	柱 Z_A			构件名称	柱 $Z_{E,H}$		
吊装工作参数	Q/t	H/m	R/m	吊装工作参数	Q/t	H/m	R/m
所需最小数值	6.60	9.34		所需最小数值	7.10	9.59	
23 m 起重臂工作参数	6.60	26.80		23 m 起重臂工作参数	7.10	26.80	
构件名称	柱 Z_{1-1}			构件名称	柱 Z_{2-2}		
吊装工作参数	Q/t	H/m	R/m	吊装工作参数	Q/t	H/m	R/m
所需最小数值	5.95	11.67		所需最小数值	6.01	11.79	
23 m 起重臂工作参数	5.95	26.80		23 m 起重臂工作参数	6.01	26.80	
构件名称	屋架			构件名称	屋面板		
吊装工作参数	Q/t	H/m	R/m	吊装工作参数	Q/t	H/m	R/m
所需最小数值	7.35	18.35		所需最小数值	1.4	17.375	
23 m 起重臂工作参数		26.80		23 m 起重臂工作参数			

4.4.4　构件吊装方法

单层工业厂房的结构构件主要有柱、吊车梁、连系梁、屋架、屋面板等，各种构件吊装过程为：绑扎→吊升→对位→临时固定→校正→最后固定。

（1）柱的吊装。

柱吊装前应对基础杯底抄平，其具体方法为：先测出杯底的实际标高，量出柱底至牛腿顶面的实际长度，然后根据牛腿顶面的设计标高与杯底实际标高之差，可得柱底至牛腿顶面的应有长度，将其与柱量得的实际长度相比，得到杯底标高应有的调整值 Δh。调整值可在杯口内标出，并用 C30 细石混凝土将杯底抹平至标志处。

柱应在柱身的三个面弹出安装中心线：矩形截面柱按几何中心线弹出；工字形截面柱除在矩形部分弹出中心线外，为便于观测和避免视差，还应在工字形截面的翼缘部位弹出一条与中心线平行的线；柱顶和牛腿面也应弹出屋架及吊车梁的安装中心线。

① 柱的绑扎。

一般 13 t 以下的中小型柱绑扎一点，细长柱或重型柱应绑扎两点；常用的索具有吊索、卡环、柱销、横吊梁等。一点绑扎法的绑扎位置一般在牛腿下；工字形截面和双肢柱，绑扎点应选在实心处，否则，应在绑扎位置用方木垫平。

本工程采用斜吊绑扎法（图 4-10），这种方法是将柱置于平卧状态下，不需翻身即可直接绑扎起吊。柱起吊后呈倾斜状态，吊索在柱的宽面上，起重钩可低于柱顶。当柱身长、平放时柱的抗弯刚度能满足要求，或起重杆长度不足时可采用此法进行绑扎。柱的绑扎工具可用两端带环的绳索及卡环绑扎，也可用专用工具柱销绑扎。

② 柱的起吊。

柱的起吊方法应根据柱的质量、长度、起重机的性能和现场情况而定。根据本工程现场狭小的特点，选择旋转法吊装柱子（图 4-11）。采用旋转法吊装柱时，柱的绑扎点、柱脚中心与柱基础中心三者宜位于起重机的同一工作幅度的圆弧上。起吊时，起重臂边升钩边回转，柱顶随起重钩的运动，也边升起边回转，而柱脚的位置在柱的旋转过程中是不移动的。当柱由水平转为直立后，起重机将柱吊离地面，旋转至基础上方，将柱插入杯口。用旋转法吊装时，柱在吊装过程中所受震动较小，生产率较高，但对起重机的机动性能要求较高。采用履带式起重机吊装时，宜采用此法。柱的绑扎点、柱脚、柱基中心三者在同一工作幅度圆弧上，称三点共弧。当场地受限制时，也可采取两点共弧，即绑扎点与杯基中心，或柱脚中心与杯基中心共弧。

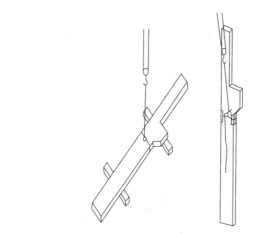

图 4-10　斜吊绑扎法

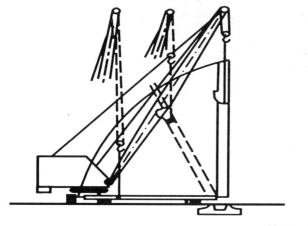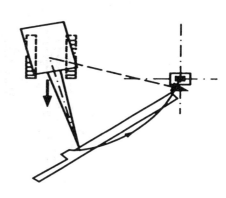

图 4-11　旋转吊装法

③ 柱的对位和临时固定。

柱脚插入杯口后，并不立即降入杯底，而是停在杯底 30~50 mm 处进行对位。对位方法是用 8 块木楔或钢楔从柱的四周放入杯口，每边放两块，用撬棍拨动柱脚或通过起重机操作，使柱的吊装准线对准杯口上的定位轴线，并保持柱的垂直。

对位后，放松吊钩，柱沉至杯底，再复核吊装准线的对准情况后，对称地打紧楔块，将柱临时固定，然后起重机脱钩，拆除绑扎索具。

④ 柱的校正。

柱的校正包括平面位置、垂直位置和标高的校正。标高的校正，应在混凝土柱基杯口找平的同时进行。平面位置的校正，要在对位时进行。垂直度的校正，则应在柱临时固定后进行。垂直度的校正直接影响吊车梁、屋架等吊装的准确性，必须认真对待。柱垂直度的检查，用两台经纬仪从柱的相邻两边检查柱吊装准线的垂直度。其允许偏差值：柱高 $H>10$ m，为（1/1 000）H，且不大于 20 mm。

柱的垂直度校正方法：当柱的垂直偏差较小时，可用打紧或放松楔块的方法或用钢钎来纠正；偏差较大时，可用螺旋千斤顶斜顶或平顶、钢管支撑斜顶等方法纠正。

⑤ 柱的最后固定。

柱校正后，应立即进行最后固定。最后固定的方法，是在柱脚与杯口的空隙中灌注细石混凝土。所用混凝土的强度等级可比原构件的混凝土强度等级提高一级。混凝土的灌注分两次进行：第一次，灌注混凝土至楔块下端；第二次，当第一次灌注的混凝土达到设计强度等级的 25% 时，即可拔除楔块，将杯口灌满混凝土。第一次灌注后，柱可能出现新的偏差，其原因可能是捣混凝土时碰动了楔块，或木楔因受潮变形膨胀程度不同引起的，故在第二次灌注前，必须对柱的垂直度进行复查。

（2）吊车梁的吊装（图 4-12）。

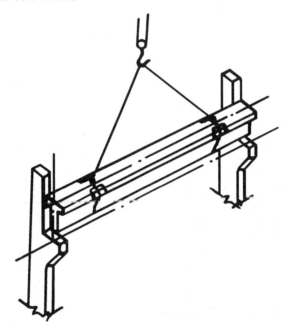

图 4-12　吊车梁吊装

① 吊车梁的绑扎、起吊和就位。

吊车梁吊装前，应对梁的型号、长度、截面尺寸和牛腿位置进行检查，装上扶手杆及扶手绳（吊装后将绳子绑紧在两端柱上）。吊车梁吊装时应两点绑扎，对称起吊，吊钩应对准重心，使起吊后保持水平。

在梁的两端设溜绳以控制梁的转动，以避免与柱相碰，对位时应缓慢降钩，将梁端的安装准线与柱牛腿面的吊装定位线对准。对位时不宜用撬杠在纵轴方向撬动吊车梁，因柱在此方向刚度较差。一般吊车梁不需采取临时固定措施，但当梁高宽比大于 4 时，除用铁块垫平外，可用铁丝临时绑在柱上，以防倾倒。

② 吊车梁的校正和最后固定。

吊车梁的校正工作可在屋盖结构吊装前进行，但最好在屋盖吊装后进行，并应考虑屋架、支撑等构件安装时可能引起的柱的变位，而使吊车梁移动。吊车梁的吊装是否准确，应从其平面位置、垂直度和标高进行检查。吊车梁的标高主要取决于牛腿面的标高，这在杯底抄平时已进行调整，如仍有误差，可在安装轨道时进行调整。吊车梁的垂直度一般可用靠尺、线锤进行测量，如偏差超过规定值，可在支座处加铁片垫平。

吊车梁平面位置的校正，包括轴线和跨距两项，实际上就是对吊车梁吊装中心线的校正。吊车梁吊装中心线的校正，首先应根据车间的定位轴线，定出吊车梁吊装中心线在地面上的位置，并检查两列吊车梁的跨距是否与设计相符。其次，用经纬仪自车间两端将地面上的吊车梁吊装中心线投影到两端的柱上，据此检查、校正两端吊车梁的吊装偏差。然后再在已校正的两端吊车梁上架设经纬仪或拉通线，逐根校正中间各根吊车梁的吊装中心线的偏差。

吊车梁吊装中心线的校正，也可在厂房结构吊装完毕后，将每一根柱子的吊装中心线投影到吊车梁顶面处的柱身上，按设计规定的吊车梁吊装中心线的距离来逐根校正。纠正吊车梁吊装中心线偏差的办法，可用撬杠来拨动吊车梁。吊车梁校正后，应立即用电焊将其最后固定，并在吊车梁与柱的空隙处浇筑细石混凝土。

（3）屋架吊装。

单层工业厂房的钢筋混凝土结构屋架，一般是在现场平卧叠浇。屋架跨度大，厚度较薄，平面外刚度差，因此吊装过程与其他构件不太一样。屋架吊装过程包括绑扎→扶直（翻身）→就位→吊升→对位→临时固定→校正→最后固定。

① 屋架的绑扎。

本工程吊车梁跨度为 18 m 和 24 m，大于 18 m 且小于 30 m，宜采用 4 点绑扎，见图 4-13。屋架的绑扎点应选在上弦节点处，左右对称，并且绑扎在屋架的合理作用点上（绑扎中心应高于屋架重心），这样屋架起吊后不易倾翻和转动。绑扎时，绑扎吊索与构件水平夹角，扶直时不宜小于 60°，吊升时不宜小于 45°，以免屋架承受较大的横向压力。必要时，为方便中途任意转动，屋架两端应加拉绳。

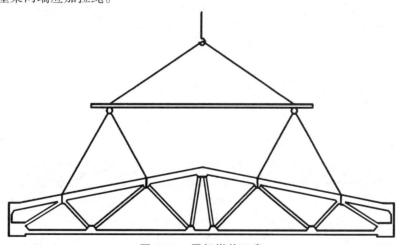

图 4-13　屋架绑扎示意

② 屋架的扶直与就位。

屋架一般是在现场平卧叠浇预制，吊装前先要翻身扶直，然后才能吊放至指定地点就位。

按起重机与屋架的相对位置不同，扶直屋架有两种方法。

A. 正向扶直：扶直时起重机位于屋架下弦一边，将吊钩对准上弦中点，钩好吊索，收紧吊钩，再略抬起吊臂，使上下榀屋架分开，接着升钩、起臂，使屋架以下弦为轴慢慢转为直立状态。

B. 反向扶直：起重机位于屋架上弦一边，吊钩对准上弦中点，随着升钩、降臂，使屋架绕下弦转动而直立。

一般工地大多采用正向扶直屋架，因升臂操作比降臂方便、安全。

本工程屋架采用正向扶直。正向扶直时，起重机位于屋架下弦一侧。首先将吊钩对准屋架平面中心，收紧吊钩，然后稍微起臂使屋架脱模，接着起重机升钩起臂，使屋架以下弦为轴转成直立状态，见图4-14、图4-15。

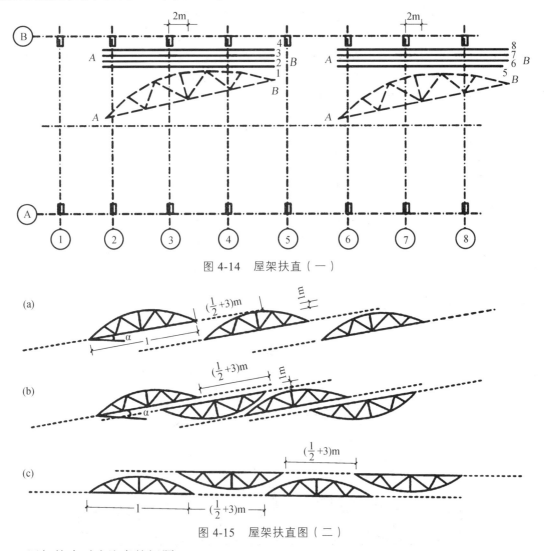

图 4-14　屋架扶直（一）

图 4-15　屋架扶直图（二）

屋架扶直时应注意的问题：

A. 起重机吊钩应对准屋架中心，吊索宜用滑轮连接，左右对称。在屋架接近扶直时，吊钩应对准下弦中心，防止屋架摇摆。

B. 当屋架叠浇时，为防止屋架突然下滑而损坏，应在屋架两端搭设井字架或枕木垛，枕木垛的高度与下层屋架的表面平齐。

C. 屋架有严重的黏结时，应先选用撬棍或钢钎凿，不能强拉，以免造成屋架损坏。

屋架扶直后，立即吊放到构件平面布置图规定的位置排放。排放的位置与起重机的性能和安装方法有关，应尽量少占场地，便于安装，且应考虑屋架的安装顺序、两头朝向等问题。屋架一般靠柱边斜放，或以 3～5 榀为一组平行于柱边排放，排放范围在布置预制构件平面图时应加以确定。如排放位置与屋架预制位置在起重机开行路线同一侧时，称为同侧排放；而排放位置与屋架预制位置分别在起重机两边时，称为异侧排放。然后用铁丝、支撑等与已安装的柱扎牢。

③ 屋架的吊升、对位、临时固定。

屋架吊升是先将屋架吊离地面 500 mm，然后将屋架吊至吊装位置下方，升钩将屋架吊至超过柱顶 300 mm，然后将屋架缓缓降至柱顶，进行对位。屋架吊起后应基本保持水平。屋架在空中的旋转，是由吊装工人在地面上以拉绳控制的。屋架对位以建筑物的轴线为准，对位前应事先将建筑物轴线用经纬仪投放到柱顶面上，对位后，立即进行临时固定，然后使起重机脱钩。

第一榀屋架的临时固定方法是：用 4 根缆风绳从两边拉牢。第一榀屋架吊装就位，在支座处焊接后，应用 4 根缆风绳从两边将屋架拉牢，加以临时固定，若先吊装了抗风柱，可将屋架与抗风柱连接。第二榀屋架以后的屋架用屋架校正器临时固定在前一榀屋架上，每榀屋架至少需要两个屋架校正器。第二榀屋架吊装就位，在支座处焊接后，可用两根工具式支撑与第一榀屋架连系。待屋架校正，最后固定，并安装了屋架间的连接支撑，构成一个稳定的空间体系后，才能将支撑取下。屋架临时固定见图 4-16。

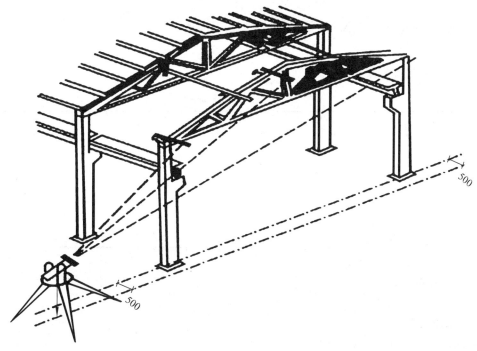

图 4-16 屋架临时固定

④ 屋架的校正和最后固定。

屋架的校正内容是检查并校正其垂直度。检查用经纬仪或垂球，校正用房屋校正器或缆风绳。

A. 经纬仪检查：在屋架上安装 3 个卡尺，一个安装在屋架上弦中央，另两个安装在屋架的两端，卡尺与屋架的平面垂直。从屋架上弦几何中心线量取 500 mm，在卡尺上做标志，然后在距屋架中线 500 mm 处的地面上，设置一台经纬仪，检查 3 个卡尺上的标志是否在同一垂直面上。

B. 垂球检查：卡尺设置与经纬仪检查方法相同。从屋架上弦几何中心线向卡尺方向量取 300 mm 的一段距离，并在 3 个卡尺上做出标志，然后在两端卡尺的标志处拉一条通线，在中央卡尺标志处向下挂垂球，检查 3 个卡尺上的标志是否在同一垂直面上。

屋架校正后，立即用电焊做最后固定。

（4）屋面板的吊装。

屋面板一般预埋有吊环，用带钩的吊索钩住吊环进行吊装即可。屋面板的安装顺序，应自檐口两边左右对称地逐块铺向屋脊，避免屋架受力不均。屋面板对位后，立即用电焊固定。

（5）天窗架的吊装。

天窗架的吊装应在天窗架两侧的屋面板吊装完成后进行，其吊装方法与屋架的吊装基本相同，有两点绑扎法和四点绑扎法。其校正、临时固定亦可用缆风绳、木撑或临时固定器（校正器）进行。

4.5 工程量与进度计划

4.5.1 现场预制工程量

现场预制工程量见表 4-6。

表 4-6 现场预制工程量

序号	工程项目	单位	柱（每根）		屋架（每榀）
			工字型柱（抗风柱）	双肢柱	
1	模板	m²	9.44（11.25，11.93）	9.44	12.25，9.25
2	钢筋	t	1.54（1.37，1.37）	4.53	0.37，0.28
3	混凝土	m³	2.88（2.76，2.80）	2.97	2.50，1.67
4	拆模	m³	9.44（11.25，11.93）	9.44	12.25，9.25

4.5.2 进度计划

（1）基础工程。

$t_1=570.0/（10×3×7.58）=3$ d

$t_2=250.0/（50×3×0.41）=4$ d

t_3=180.0/（3×3×3.7）=5 d

t_4=570.0/（2×3×17.5）=6 d

$K_{1,2}$=3 d

$K_{2,3}$=4 d

$K_{3,4}$=5 d

t=3+4+5+3×6=30 d

基础工程进度计划表如表4-7所示：

表4-7　基础工程进度计划

序号	施工过程	单位	工程量	时间定额/工日	产量定额	班组人数	施工段
1	支模	m²	570.0	0.132	7.58 m²/工日	10	3
2	绑钢筋	t	9.37	2.44	0.41 t/工日	7	3
3	浇混凝土	m³	180.0	0.27	3.70 m³/工日	3	3
4	拆模	m²	570.0	0.0571	17.5 m²/工日	2	3

（2）预制工程。

划分施工段：第Ⅰ施工段：A、E跨抗风柱及A轴工字型柱预制；

　　　　　　第Ⅱ施工段：E、H跨抗风柱及H轴工字型柱预制；

　　　　　　第Ⅲ施工段：E轴双肢柱预制；

　　　　　　第Ⅳ施工段：屋架预制。

详细内容如表4-8：

表4-8　预制工程量

施工过程	施工段	单位	工程量	时间定额/工日	产量定额	每日班次	每班人数	天数
A 支模	Ⅰ	m²	158.18	0.065	15.38	1	3	4
	Ⅱ	m²	158.85	0.065	15.38	1	3	4
	Ⅲ	m²	113.28	0.065	15.38		2	4
	Ⅳ	m²	258.0	0.208	4.81	1	5	11
B 绑钢筋	Ⅰ	t	19.33	1.77	0.56	1	7	5
	Ⅱ	t	19.33	1.77	0.56	1	7	5
	Ⅲ	t	13.85	1.77	0.32	1	7	4
	Ⅳ	t	7.77	3.13	1.67	1	2	15
C 浇混凝土	Ⅰ	m³	45.55	0.600	1.67	1	4	7
	Ⅱ	m³	455.72	0.600	1.67	1	4	7
	Ⅲ	m³	35.65	0.600	1.22	1	4	6
	Ⅳ	m³	50.0	0.82	1.22	1	4	11

施工过程	施工段	单 位	工程量	时间定额/工日	产量定额	每日班次	每班人数	天数
D 拆模	I	m²	158.18	0.105	9.52	1	2	9
	II	m²	158.85	0.105	9.52	1	2	9
	III	m²	113.28	0.105	9.52	1	3	7
	IV	m²	258.0	0.76	9.52	1	4	12
预应力张拉	I	榀	24 榀	0.2 台班	5 榀/台班	1	3	2

① 求 $K_{A,B}$：

```
4   8   12   23
    5   10   14   29
————————————————————
4   3   2   9   -29
```

$K_{A,B}=9$ d

② 求 $K_{B,C}$：

```
5   10   14   29
    7   14   20   31
————————————————————
5   3   0   9   -31
```

$K_{B,C}=9$ d

③ 求 $K_{C,D}$：

```
7   14   20   31
    9   18   25   37
————————————————————
7   5   2   6   -37
```

$K_{C,D}=7$ d

流水工期 $t=9$ d$+9$ d$+7$ d$+37$ d$=62$ d

根据计算绘制表 4-9：

表 4-9 预制工程进度计划

施工过程	施工进度/d															
	4	8	12	16	20	24	28	32	36	40	44	48	52	56	60	64
A																
B																
C																
D																

（3）吊装工程。

本工程选用一台 W1-200 履带式起重机进行吊装任务，其详细内容如表 4-10：

表 4-10　吊装工程工程量

序号	项目	单位	工程量	定额	台班	每日班数	工作天数
1	工字型柱吊装	根	36	10 根/台班	3.6	1	4
2	抗风柱吊装	根	8	10 根/台班	0.8	1	1
3	吊车梁进场就位	根	44	50 根/台班	0.88	1	1
4	吊车梁吊装	根	44	20 根/台班	2.2	1	3
5	屋架扶直就位	榀	24	7 榀/台班	3.4	1	4
6	屋架吊装	榀	24	5 榀/台班	4.8	1	5
7	天窗架进场就位	榀	12	40 榀/台班	0.3	1	1
8	屋面板安装	块	308	70 块/台班	4.4	1	5
9	天窗架安装	榀	12	20 榀/台班	0.6	1	1
10	合计	总消耗时间					25

由于该工程只是用一台起重机，因此需要进行依次施工，该总工期 $t=25$ d。

（4）其他工程。

其他工程工程量消耗时间如表 4-11。

表 4-11　工程量消耗时间

序号	工程名称	单位	工程量	产量定额	工日数	每日班数	每班人数	工作天数
1	脚手架等搭拆	m²	21 265	16.7 m²/工日	1 273.3	1	50	25.5
2	砌墙	m³	640	1.62 m³/工日	395.1	1	50	7.9
3	现浇雨篷、圈梁等	m³	54	0.58 m³/工日	93	1	10	9.3
4	钢窗安装	m²	620	35.1 m²/工日	17.7	1	6	2.9
5	屋面保温层	m³	520	0.58 m³/工日	896.6	1	50	17.9
6	屋面找平层	m²	2 800	13.5 m²/工日	207.4	1	15	13.8
7	屋面防水层	m²	2 800	38.6 m²/工日	72.5	1	4	18.1
8	地面夯实	m²	2 200	84.7 m²/工日	25.0	1	8	3.1
9	砂石垫层	m³	200	0.81 m³/工日	246.9	1	20	12.3
10	混凝土地面	m³	200	2.74 m³/工日	73.0	1	5	14.6
11	外墙抹灰	m²	280	100 m²/工日	2.8	1	1	2.8
12	门扇安装	m²	36	3.8 m²/工日	9.5	1	4	2.4
13	油漆	m²	72	6.5 m²/工日	11.1	1	4	2.8
14	玻璃	m²	500	15.0 m²/工日	33.3	1	8	4.2
15	散水、坡道混凝土	m³	76	3.9 m³/工日	19.5	1	4	4.9
16	轨道吊车	m	264	40 m/工日	6.6	1	2	3.3
17	电缆线路	m	132	30 m/工日	4.4	1	2	2.2
18	水暖管道	m	124	35 m/工日	3.5	1	2	1.8

该施工段分为三段：A——屋面找平；B——屋面保温；C——屋面防水。

其进度计划如下：

A：求 $K_{A,B}$：

```
6    12   18
     6    12   14
──────────────────────
6    6    6    -14
```

$K_{A,B}=6$ d

B：求 $K_{B,C}$：

```
6    12   14
     7    14   19
──────────────────────
6    5    0    -19
```

$K_{B,C}=6$ d

$t=6$ d$+6$ d$+19$ d$=31$ d

其进度计划见表4-12。

表4-12　进度计划

施工过程	施工进度/d															
	2	4	6	8	10	12	14	16	18	20	22	24	26	28	30	32
A																
B																
C																

（5）主要机具申请表（表4-13）。

表4-13　主要机具申请表

序号	工种	单位	数量	序号	工种	单位	数量
1	升降机	台	1	9	反铲挖掘机	台	1
2	混凝土搅拌机	台	1	10	经纬仪	台	1
3	打夯机	台	1	11	水准仪	台	1
4	振动棒	个	4	12	手推车	辆	15
5	切割机	台	1	13	磅秤	台	1
6	电焊机	台	1	14	冲击钻	把	1
7	履带式起重机	台	1	15	淋灰机	台	1
8	水泵	台	1	16	平板振动器	台	2

（6）劳动力需用量计划表（表4-14）。

表 4-14　劳动力需用量计划

序号	工种	单位	数量	序号	工种	单位	数量
1	泥工	人	50	9	普工	人	40
2	抹灰工	人	40	10	混凝土工	人	35
3	钢筋工	人	25	11	水暖工	人	16
4	木工	人	20	12	机械操作工	人	4
5	架子工	人	30	13	电工	人	4
6	电焊工	人	4	14	涂料工	人	4
7	玻油工	人	6	15	管理人员	人	6
8	防水工	人	3				

4.6　质量保证措施

（1）开工前做好技术、质量交底，让施工人员心中有数，树立"质量第一"的观念。

（2）根据施工技术要求，做好施工记录，贯彻"谁施工，谁负责"的精神，凡上道工序不合格，下道工序不予施工，各工序之间互检合格后方可进行下道工序施工。对重要工序，专职质检员检查认可后方可继续施工。做到层层把关，相互监督。

（3）定期检测测量基线和水准点标高。施工基线的方向角误差不大于 12°。施工基线的长度误差不大于 $l/1\,000$。基线设置时，转角用经纬仪施测，距离采用钢尺测距。坐标点采用牢靠保证措施，严禁碰撞和扰动。

（4）屋架制作时地模表面平整度采用 DS 水准仪监测控制，偏差值不大于 2 mm，下弦杆起拱值偏差不大于 3 mm。屋架钢筋制作、安装的允许偏差和检验方法（同现行规范，略）并检查钢筋的保护层其偏差限值为 + 10 mm，-7 mm。

（5）屋架表面为清水混凝土，其外观质量标准为：表面平整光滑、线条顺直、棱角分明，几何尺寸准确，色泽一致，绝无蜂窝、露筋、夹渣和明显气泡，模板间拼缝痕迹有规律性，阴阳角方正无损伤，上、下榀连接面平整、无明显凹凸，表面仅进行涂料刷浆罩面。

（6）严格按照混凝土施工配合比过磅投料搅拌，由持证试验工旁站负责。搅拌时间不少于 90 s，掺有高效减水剂时可延长到 120 s，严格控制水灰比，并于现场每拌检测一次混凝土坍落度。

（7）在混凝土浇捣过程中，振动器不得触及波纹管，以免损坏波纹管而引起漏浆，从而堵塞孔道。预应力筋曲线由马凳定位，满足设计对矢高的要求。预应力梁的混凝土要求振捣密实，张拉及锚固部位严禁出现蜂窝孔洞。

（8）其他未说明事项均严格按国家相关规范执行。

4.7 安全保障措施

4.7.1 吊装工程的安全技术要点

伴随着工业化建筑和大跨建筑的发展，吊装工程越来越多，而且吊装的构件形式、吊装所使用的机具及吊装的方式方法都趋向于多样化、复杂化。因此，吊装工程的安全技术十分重要。现将不同吊装工程的安全技术要点介绍如下，供同人参考。

4.7.2 安全技术的一般规定

（1）吊装前应编制施工组织设计或制订施工方案，明确起重吊装安全技术要点和保证安全的技术措施。

（2）参加吊装的人员应经体格检查合格。在开始吊装前应进行安全技术教育和安全技术交底。

（3）吊装工作开始前，应对起重运输和吊装设备以及所用索具、卡环、夹具、卡具、锚碇等的规格、技术性能进行细致检查或试验，发现有损坏或松动现象，应立即调换或修好。起重设备应进行试运转，发现转动不灵活、有磨损的应及时修理；重要构件吊装前应进行试吊，经检查各部位正常后才可进行正式吊装。

4.7.3 防止高空坠落

（1）吊装人员应戴安全帽；高空作业人员应佩戴安全带，穿防滑鞋，带工具袋。

（2）吊装工作区应有明显标志，并设专人警戒，与吊装无关人员严禁入内。起重机工作时，起重臂杆旋转半径范围内，严禁站人或通过。

（3）运输、吊装构件时，严禁在被运输、吊装的构件上站人指挥和放置材料、工具。

（4）高空作业施工人员应站在操作平台或轻便梯子上工作。吊装层应设临时安全防护栏杆或采取其他安全措施。

（5）登高用梯子、临时操作台应绑扎牢靠；梯子与地面夹角以 60°～70°为宜，操作台跳板应铺平绑扎，严禁出现挑头板。

4.7.4 防物体落下伤人

（1）高空往地面运输物件时，应用绳捆好吊下。吊装时，不得在构件上堆放或悬挂零星物件。零星材料和物件必须用吊笼或钢丝绳、保险绳捆扎牢固后才能吊运和传递，不得随意抛掷材料物体、工具，防止滑脱伤人或意外事故。

（2）构件必须绑扎牢固，起吊点应通过构件的重心位置，吊升时应平稳，避免振动或摆动。

（3）起吊构件时，速度不应太快，不得在高空停留过久，严禁猛升猛降，以防构件脱落。

（4）构件就位后临时固定前，不得松钩、解开吊装索具。构件固定后，应检查连接牢固和稳定情况，当连接确定安全可靠，才可拆除临时固定工具和进行下步吊装。

（5）风雪天、霜雾天和雨天吊装应采取必要的防滑措施，夜间作业应有充分照明。

4.7.5 防止起重机倾翻

（1）起重机行驶的道路必须平整、坚实、可靠，停放地点必须平坦。

（2）起重机不得停放在斜坡道上工作，不允许起重机两条履带或支腿停留部位一高一低或土质一硬一软。

（3）起吊构件时，吊索要保持垂直，不得超出起重机回转半径斜向拖拉，以免超负荷和钢丝绳滑脱或拉断绳索而使起重机失稳。起吊重型构件时应设牵拉绳。

（4）起重机操作时，臂杆提升、下降、回转要平稳，不得在空中摇晃，同时要尽量避免紧急制动或冲击振动等现象发生。未采取可靠的技术措施和未经有关技术部门批准，起重机严禁超负荷吊装，以避免加速机械零件的磨损和造成起重机倾翻。

（5）起重机应尽量避免满负荷行驶；在满负荷或接近满负荷时，严禁同时进行提升与回转（起升与水平转动或起升与行走）两种动作，以免因道路不平或惯性力等原因引起起重机超负荷而酿成翻车事故。

（6）当两台吊装机械同时作业时，两机吊钩所悬吊构件之间应保持 5 m 以上的安全距离，避免发生碰撞事故。

（7）双机抬吊构件时，要根据起重机的起重能力进行合理的负荷分配（吊重质量不得超过两台起重机所允许起吊质量总和的 75%，每一台起重机的负荷量不宜超过其安全负荷量的 80%）。操作时，必须在统一指挥下，动作协调，同时升降和移动，并使两台起重机的吊钩、滑车组均应基本保持垂直状态。两台起重机的驾驶人员要相互密切配合，防止一台起重机失重，而使另一台起重机超载。

（8）吊装时，应有专人负责统一指挥，指挥人员应位于操作人员视力能及的地点，并能清楚地看到吊装的全过程。起重机驾驶人员必须熟悉信号，并按指挥人员的各种信号进行操作；指挥信号应事先统一规定，发出的信号要鲜明、准确。

（9）在风力等于或大于六级时，禁止在露天进行起重机移动和吊装作业。

（10）起重机停止工作时，应刹住回转和行走机构，锁好司机室门。吊钩上不得悬挂构件，并应升到高处，以免摆动伤人和造成吊车失稳。

4.7.6 防吊装结构失稳

（1）构件吊装应按规定的吊装工艺和程序进行，未经计算和采取可靠的技术措施，不得随意改变或颠倒工艺程序安装结构构件。

（2）构件吊装就位，应经初校和临时固定或连接可靠后才可卸钩，最后固定后方可拆除临时固定工具。高宽比很大的单个构件，未经临时或最后固定组成稳定单元体系前，应设溜绳或斜撑拉（撑）固。

（3）构件固定后不得随意撬动或移动位置，如需重校时，必须回钩。

4.7.7 防止触电

（1）吊装现场应有专人负责安装、维护和管理用电线路和设备。

（2）构件运输、起重机在电线下进行作业或在电线旁行驶时，构件或吊杆最高点与电线之间的水平或垂直距离应符合安全用电的有关规定。

（3）使用塔式起重机或长吊杆的其他类型起重机及钢井架，应有避雷防触电设备，各种用电机械必须有良好的接地或接零，接地电阻不应大于 4Ω，并定期进行地极电阻摇测试验。

4.8 文明施工措施

（1）施工开始前，根据现场情况，与甲方协商，根据当地具体情况协商解决食宿问题，并制定切实可行的文明施工条例，创建标准化施工工地。

（2）施工用电及供电线路是施工的重要组成部分，应根据施工设施布置情况，保证一次定位，根据需要采取隔离保护措施。

（3）施工现场应挂牌展示下列内容：

① 各职务岗位责任。

② 安全生产规章。

③ 防火安全责任。

④ 作为文明施工的日常内容，施工班组每日收工前必须清理本班组施工区域，以保证施工现场清洁。

（4）开展文明施工教育，建立文明施工管理制度，实施现场定置管理。

（5）加强材料管理，砖、砂、石及其他材料分类堆放。现场落手清，保持场容整洁。临时设施整洁有序，警示标志明显，人员佩证上岗，加强门卫值班管理。

（6）加强生产管理，严禁噪声扰民。设沉砂池处理废水，采取措施尽力防止灰尘污染环境。项目要成立治安消防领导小组，负责项目治安消防工作，及时解决打架斗殴、防盗问题。

5 装配式建筑项目管理概论

装配式建筑施工与传统建筑施工在组织管理上有较大差异：一是装配式建筑施工需要多方参与工程图纸深化设计及预制构件或部品的拆分设计；二是装配式建筑物的组成部分称为预制构件或部品，需提前在专业生产企业加工并运送到施工现场，促进施工项目管理产生了革命性的变革。

5.1 装配式建筑项目管理方法创新

5.1.1 建筑产业现代化模式

建筑产业现代化是一种以标准化设计、工厂化生产、装配化施工、一体化装修、信息化管理的建筑工业化生产方式为核心的新模式。它对推动建筑产业转型升级，保证工程质量安全，实现节能减排、降耗、环保和可持续发展有重要意义，是建筑转变方式、调整结构、科技创新的重要举措，是实现建筑业协同发展、绿色发展的重要举措，是建立在传统预制构件生产工业化、结构设计模数化、现场施工装配化基础上进行的产业革命。建筑产业现代化促使传统建筑业向可持续发展、绿色施工、以人为本、全过程项目管理和精细化管理发展，建筑业承包方式也会有革命性变化。

5.1.2 发展绿色建筑

建筑工程要向具有更低生命周期成本、节约资源、有利于环境保护方面发展。建筑业要用新的、环保的、清洁的绿色施工管理及技术，以及更高效的管理来取代或革新传统的施工方式。这具体体现在：施工企业将可持续发展作为发展战略；在设计管理方面，开发商和设计单位将设计建造绿色建筑产品，充分考虑建筑物全生命周期成本。在工程项目中推广应用装配式建筑，能够很好地体现绿色建筑理念。

5.1.3 材料管理

在建筑物建造前就考虑大量使用工业或城市固态废物，尽量少用自然资源和能源，生产出无毒害、无污染、无放射性的绿色建筑材料并应用到建筑物上。对于装配式建筑工程来说，施工单位在组织施工时，运用科学管理和技术进步，在确保安全和质量的前提下，最大限度地保护环境，进而实现节约能源、节约土地、节约水和节约材料的目标。

5.1.4　以人为本

从产品角度而言，装配式建筑注重为建筑物使用者提供更舒适、更健康、更安全、更绿色的场所。建筑物全生命周期中，尽力控制和减少对自然环境的破坏，最大限度地实现节水、节地、节材、节能。从施工项目管理角度而言，人是工程管理中最基本的要素，应围绕和激发施工管理人员和操作人员的主动性、积极性、创造性开展管理活动，实现每个员工都对建筑物认真负责、精益求精的目标。

5.1.5　全新价值观

将安全、健康、公平和廉洁的理念运用到建筑工程项目管理的实践中。工程管理者对施工过程中施工现场的安全、公平和廉洁进行管理，并经过系统工程集成到具体工程管理流程中。在安全管理方面，通过建立施工现场安全管理体系、健康文明体系，实现施工全过程安全、文明、健康、发展。

5.1.6　项目管理方法变革

生产效率的提高始终是建筑工程项目管理关注的焦点。提高生产效率对于建筑企业而言，可以提供更有价格优势的产品，生产的产品能更好地满足市场要求。事实上，通过采用装配式建筑，推广应用相应新的项目管理方法和施工模式，建筑工程项目的劳动生产效率也会有所提高，社会效益和经济效益将会逐步显现。

（1）工程项目全过程管理。

装配式建筑的工程项目管理模式不同于传统建筑的项目管理模式，正在逐步地由单一的专业性项目管理向综合各阶段管理的全过程项目管理模式发展，充分体现了全过程项目管理的概念。装配式建筑工程摈弃了原有工程项目的策划、设计、施工、运营有不同单位各自不同的建设管理系统的缺陷，转而采用一种更具整合性的方法，以平行模式而非序列模式来实施建设工程项目的活动，整合所有相关专业部门积极参与到项目策划、设计、施工和运营的整个过程，强调工程系统集成与工程整体优化，形象地显示了全过程项目管理的优势。

（2）精益建造理念。

精益制造对制造企业产生了革命性的影响。现在精益建造也开始在建筑业中得到应用，特别是在装配式建筑工程中。部分预制构件和部品由相关专业生产企业制作，专业生产企业在场区内通过专业设备、专业模具、经过培训的专业操作工人加工预制构件和部品，并运输到施工现场。施工现场经过有组织的科学安装，可以最大限度地满足建设方或业主的需求，改进工程质量，减少浪费，保证项目完成预定的目标并实现所有劳动力工程的持续改进。

精益建造对提高生产效率是显而易见的，它为避免大量库存造成的浪费，可以按所需及时供料；它强调施工中的持续改进和零缺陷，不断提高施工效率，从而实现建筑企业利润最大化。

精益建造更强调对建筑产品的全生命周期进行动态的控制，更好地保证项目完成预定的目标。

5.1.7　工程承包模式改变

传统的建筑工程承包模式是设计—招标—施工，是我国建筑工程最主要的承包方式。然而，现代化的施工企业将触角伸向建筑工程的前期，并向后延伸，目的是体现自己的技术能力和管理水平，更重要的是，这样做不仅能提高建筑工程承包的利润，还可以更有效地提高效率。例如，工程总承包模式和施工总承包模式已成为大型建筑工程项目中广为采用的模式。对于工程项目的实践者，设计—建造一体模式和设计—采购—施工三位一体模式已经不是什么新鲜事物，在国外它们都经历了很长时间的发展历程，在大型工程中使用得比较成熟。然而，值得注意的是，这些承包模式有两种发展趋势：第一是这些通常应用于大型建筑工程项目的承包模式，特别适用于装配式建筑，并逐渐开始应用于一般的建筑工程项目中；第二是承包模式不断地根据项目管理的发展，繁衍出新的模式。这些发展趋势说明了我国建筑工程项目管理逐渐走向成熟。

5.2　建筑信息模型 BIM 在装配式建筑项目管理中的应用

建筑信息模型 BIM 建立有三个理念：数据库替代绘图、分布式模型、工具+流程=BIM 价值。对于装配式建筑施工管理而言，应该是基于同一个 BIM 平台，集成规划、设计、生产与运输、现场装配、装饰和管线施工、运营管理，使规划、设计信息、预制构件或部品生产信息、运输情况、现场施工情况、实际工程进度、实际工程质量、现场安全状态，甚至工程交付使用后的运营管理都可以实现随时查询。其具体表现在建筑信息模型 BIM 建立、虚拟施工、基于网络的项目管理三个方面。

5.2.1　建立建筑信息模型 BIM

BIM 在预制构件或部品生产管理中的应用包括：根据施工单位安装预制构件顺序安排生产加工计划，根据深化设计图纸进行钢筋自动下料成型、钢模具订货加工、预制构件或部品生产和存放，根据设计模型进行出厂前检验、预制构件或部品运输和验收。

5.2.2　虚拟施工

虚拟施工是信息化技术在施工阶段的运用。在虚拟状态中建模，使模拟、分析设计和施工过程实现数字化、可视化，采用虚拟现实和结构仿真技术，对施工活动中的人、财、物、信息进行数字化模拟，优化装配式建筑设计和优化装配式建筑施工安装，提前发现设计或施工安装中存在的问题，及时找到解决方法。如在装配式混凝土结构中，预制构件或部品堆放地点的选择，现场安装使用的塔式起重机或履带起重机，汽车式起重机的选择，预制构件安装就位过程模拟，装饰装修部分的模拟应用，结构及装饰装修质量验收，各个专业管线是否有碰撞，等内容，甚至施工部分进度的控制与调整、预期施工成本和利润状况均可以预先分析判断，为施工企业科学管理提供高效的平台。

5.2.3 基于网络的项目管理

基于网络的项目管理就是通过互联网和企业内部的网络应用，使同一施工企业内部和诸多具体项目部能互相沟通协作，使企业内部能进行项目部人员管理、作业人员系统管理、预制构件物资科学调配，减少管理成本，提高工作效率；同时，政府行业主管部门、业主、设计、监理等单位也可以对同一工程的许多具体问题通过网络平台进行密切沟通协作；对于涉及的具体项目，各方人员有效管理协调，大大减少了相关各方面的管理成本，实现了无纸化办公，有效地提高了工作效率。

5.3 物联网在装配式建筑施工项目管理中的应用

物联网指的是将各种信息传感设备，如射频识别（RFID）装置、红外感应器、全球定位系统、激光扫描器等与互联网结合起来而形成的一个巨大的网络。其目的是让所有的物品都与网络连接在一起，系统可以自动地、实时地对物体进行识别、定位、追踪、监控并触发相应事件。

物联网可以贯穿装配式建筑施工项目管理的全过程，实际操作中从深化设计就已经将每个构件唯一的"身份证"——ID 识别码编制出来，为预制构件生产、运输存放、装配施工等一系列环节的实施提供关键技术基础，保证各类信息跨阶段无损传递、高效使用，实现精细化管理，实现可追溯性，如图 5-1 所示。

图 5-1 构件（部品）信息标识

5.3.1 预制构件生产组织管理

预制构件 RFID 编码体系的设计，在构件的生产制造阶段，需要对构件置入 RFID 标签，标签内包含有构件单元的各种信息，以便于在运输、储存、施工吊装的过程中对构件进行管理。由于装配式混凝土结构所需构件数量巨大，要想准确识别每一个构件，就必须给每个构件赋予唯一的编码。所建立的编码体系不仅能唯一区别单一构件，而且能从编码中直接读取构件的位置信息。因而施工人员不仅能自动采集施工进度信息，还能根据 RFID 编码直接得出预制构件的位置信息，确保每一个构件安装的位置正确。

5.3.2　预制构件运输组织管理

在构件生产阶段为每一个预制构件加入 RFID 电子标签，将构件码放入库，根据施工顺序，将某一阶段所需的构件提出、装车，这时需要用读写器一一扫描，记录下出库的构件及其装车信息。运输车辆上装有 GPS 系统，可以实时定位监控车辆所到达的位置。到达施工现场以后，扫码记录，根据施工顺序卸车码放入库。

5.3.3　预制构件装配施工组织管理

在装配式混凝土结构的装配施工阶段，BIM 与 RFID 结合可以发挥较大作用的有两个方面：一是构件储存管理，二是工程的进度控制。两者的结合可以对构件的储存管理和施工进度控制实现实时监控。在此阶段以 RFID 技术为主，追踪监控构件吊装的实际进程，并以无线网络及时传递信息，同时配合 BIM，可以有效地对构件进行追踪控制。RFID 与 BIM 相结合的优点在于信息准确丰富，传递速度快，减少人工录入信息可能造成的错误，使用 RFID 标签最大的优点就在于其无接触式的信息读取方式，在构件进场检查时，甚至无须人工介入，直接设置固定的 RFID 阅读器，只要运输车辆速度满足条件，即可采集数据。

（1）工程进度控制组织管理。

在进度控制方面，BIM 与 RFID 的结合应用可以有效地收集施工过程进度数据，利用相关进度软件，对数据进行整理和分析，并可以对施工过程应用 4D 技术进行可视化的模拟。然后将实际进度数据分析结果和原进度计划相比较，得出进度偏差量。最后进入进度调整系统，采取调整措施加快实际进度，确保总工期不受影响。在施工现场，可利用手持或固定的 RFID 阅读器收集标签上的构件信息，管理人员可以及时获取构件的存储和吊装情况的信息，通过无线感应网络及时传递进度信息，并与进度计划进行比对，可以很好地掌握工程的实际进度情况。

（2）预制构件吊装施工组织管理。

在装配式混凝土结构的施工过程中通过 RFID 和 BIM 将设计、构件生产、建造施工各阶段紧密地联系起来，不但解决了信息创建、管理、传递的问题，而且 BIM 模型、三维图纸、装配模拟、采购、制造、运输、存放、安装的全程跟踪等手段，为工业化建造方法的普及也奠定了坚实的基础，对于实现建筑工业化有极大的推动作用。

（3）利用手持平板电脑及 RFID 芯片开发施工管理系统，可指导施工人员吊装定位，实现构件参数属性查询、施工质量指标提示等，将竣工信息上传到数据库，做到施工质量记录可追溯。

实训 5

1. 装配式建筑项目管理方法有哪些创新？
2. 建筑信息模型 BIM 在装配式建筑项目管理中的应用具体表现在哪三个方面？
3. 物联网技术如何在装配式建筑施工项目管理中应用？

6 装配式混凝土结构项目管理

6.1 装配式混凝土结构项目管理特点

6.1.1 装配式混凝土结构与传统现浇结构的不同点

装配式混凝土结构作为由工厂生产的预制构件和部品在现场装配而成的建筑，与传统现浇建筑比较有很多不同。

（1）建筑预制构件转化为工业化方式生产。

装配式混凝土结构建筑与传统现浇框架或剪力墙结构不同之处就是建筑生产方式发生了根本性变化，由过去的以现场手工、现场作业为主，向工业化、专业化、信息化生产方式转变。相当数量的建筑承重或非承重的预制构件和部品，由施工现场现浇转为工厂化方式提前生产（图 6-1）、专业工厂制造和施工现场建造相结合的新型建造方式，全面提升了建筑工程的质量效率和经济效益。

图 6-1 预制构件生产

（2）深化建筑设计。

深化建筑设计区别于传统设计深度的要求，具体体现在：

① 预制构件深化图纸设计水平和完整性很高。

② 构件设计与制作工艺结合程度深度融合。

③ 预制构件设计与运输和吊装以及施工装配结合程度深度融合。

（3）建设生产流程发生改变。

建筑生产方式的改变带来建筑的建设生产流程的调整，由传统现浇混凝土结构环节转为预制构件工厂生产，增加了预制构件的运输与存放流程，最后由施工现场吊装就位，整体连接后浇筑形成整体结构。

6.1.2　装配式混凝土建筑项目招投标及合同特点

（1）项目招投标特点。

装配式建筑招投标特点同传统现浇混凝土建筑招投标有较大差异。从当前市场状况分析：如果拟建工程项目预制率不高，仅仅是水平构件使用预制构件，项目招标时预制构件生产运输及安装可以作为整体工程项目投标的一部分；如果拟建工程项目预制率很高，水平构件和竖向构件及其他构件均使用预制构件，此时项目招投标时可以对预制构件生产、运输及安装分别单独进行招投标。无论是作为整体工程项目招投标的一部分还是单独进行招投标，装配式混凝土建筑项目招投标的基本要求是不会有较大改变的。

（2）设置投标前置条件。

由于当前行业内的法律、法规对装配式建筑招投标的诸多要求不够具体明确，在项目及构件采购前设置前置条件，采取间接的方式设立市场准入条件是必要的，如地方建设主管部门应建立地方预制构件和部品生产使用推荐目录，以引导预制构件生产企业提高质量管理水平，使预制构件生产管理标准化、模数化，保障构件行业健康发展。

（3）招投标环节关键节点。

根据工程建设项目开发建设的规律，项目获批前以及招投标环节是确立相应主体的关键节点。在该节点设置质量管理要求，可促使预制构件和部品构件"生产使用推荐目录"能落实到具体工程，保证有相应预拌混凝土生产资质的企业中标生产，引导有实力企业提供高质量产品。

（4）预制混凝土构件或部品招标前置条件。

预制混凝土构件生产企业的企业资质、生产条件、质量保证措施、财务状况、企业的质量管理体系都会对构件的质量产生影响，因此建设单位或施工单位对投标的构件生产企业设置上述条件、提出要求。

① 投标人须具备《中华人民共和国政府采购法》规定的条件。

② 投标人须注册于中华人民共和国境内，取得营业执照；由于住房和城乡建设部已经取消预制构件生产资质要求，因此，投标人（即预制构件生产企业）应当具备预拌混凝土专业企业资质，且企业质量保证体系应满足地方规定条件。

③ 生产的预制构件应有质量合格证，产品应符合国家、地方或经备案的企业标准：

A. 企业通过 ISO9000 系列国际质量管理体系认证。

B. 在以往的投标中没有违法、违规、违纪、违约行为。

C. 近三年来已签署合同额若干万元及以上的预制构件供应工程不低于若干个，并且能提供施工合同及相关证明材料。

（5）投标文件的技术标特点。

投标文件的技术标中应有施工组织设计，还要有生产预制构件专项方案、预制构件运输的专项方案、施工安装专项方案。生产预制构件专项方案中应介绍生产机械、模具、钢筋及混凝土制备情况，预制构件的养护方式及堆放情况，道路场外运输情况及施工现场运输方案；施工安装专项方案中应充分考虑预制构件安装的单个构件质量、形状及就位位置，选择吊装施工机械型号及数量，考虑预制构件安装同后浇混凝土之间的穿插及协调工序、竖向构件或水平构件的支撑系统的选择及使用要求，施工工期应充分考虑预制构件或部品的生产周期和现场运输及安装周期的特点。

（6）投标文件的商务标特点。

工程造价方面，由于装配式建筑工程竣工项目偏少，装配式建筑造价各地尚有明显差异，现行清单计价规范及计价定额没有专门对装配式建筑进行分部分项划分、特征的描述、工程量计算规则的具体规定等内容，生产预制构件的人工费、材料费、机械费、运输费如何计取和摊销有待于更多的工程总结。当前市场上生产预制构件一般是以预制构件每立方米作为计价单位，其中的材料费内含有混凝土、钢筋、模板及支架、保温板、连接件、水电暖通及弱电系统的预留管、盒等，安装机械费及安全措施费也应充分考虑装配式建筑的特点合理计取。

6.1.3 装配式混凝土结构施工图拆分及深化设计特点

装配式建筑设计阶段是工程项目的起点，对于项目投资和整体工期及质量起到决定性作用。它比传统建筑设计增加了深化设计环节和预制构件的拆分设计环节，目前多由构件生产企业完成或由设计单位完成深化设计图纸。

装配式建筑设计的特点是设计阶段既要充分考虑到建筑、结构、给水排水、供暖、通风空调、强电、弱电等专业前期在施工图纸上高度融合，又要考虑部分预制构件或装饰部品提前在专业生产工厂内生产加工及运输的需求。在预制构件生产成品中就应当提前考虑包含水电暖通、弱电等专业系统的需求，仔细考虑施工现场预制构件吊装安装、固定连接位置和构造要求，以及同后浇混凝土的结合面平顺过渡的问题。因此，施工组织管理应提前介入施工图设计及深化设计和构件拆分设计，使得设计差错尽可能少，生产的预制构件规格尽可能少，预制构件质量与运输和吊装机械相匹配，施工安装效率高，模板和支撑系统便捷，建造工期适当缩短，建造成本可控并同传统现浇结构相当。

6.1.4 装配式混凝土结构现场平面布置特点

（1）由于预制构件型号繁多，预制构件堆场在施工现场占有较大的面积，项目部应合理有序地留出足够的预制构件堆放场地，合理有序地对预制构件进行分类堆放，这对于减少使用施工现场面积、加强预制构件成品保护、缩短工程作业进度、保证预制构件装配作业工作效率、构建文明施工现场，具有重要的意义。

（2）预制构件堆场布置原则。

施工现场预制构件堆放场地平整度及场地地基承载力应满足强度和变形要求。

（3）混凝土预制构件堆放。

①预制墙板宜通过专用插放架或靠放架，采用竖放的方式。

②预制梁、预制柱、预制楼板、预制阳台板、预制楼梯均宜采用多层平放的方式。

③预制构件应标识清晰，按规格型号、出厂日期、使用部位、吊装顺序分类存放，方便吊运。

预制构件堆放见图6-2。

图6-2　预制构件堆放

6.1.5　装配式混凝土结构运输机械及吊装机械特点

由于预制构件往往较重较长，无法使用传统的运输机械及吊装机械，一般工程采用专用运输车辆运输预制构件，现场工程往往根据预制构件质量和所处位置确定起重吊装机械，如塔式起重机、履带式起重机、汽车式起重机，也可以根据具体工程情况特制专用机械。部分传统现浇结构使用的钢筋、模板、主次楞、脚手架等材料也要根据高效共用原则，使用同类吊装机械运输就位，只有综合考虑机械使用率，才能降低机械费用。

6.1.6　装配式混凝土结构施工进度安排及部署特点

装配式混凝土结构进度安排同传统现浇结构不同，应充分考虑生产厂家的预制构件及其他材料的生产能力，应对所需预制构件及其他部品提前60 d以上同生产厂家沟通并订立合同，分批加工采购，应充分预测预制构件及其他部品运抵现场的时间，编制施工进度计划，科学控制施工进度，合理安排计划，合理使用材料、机械、劳动力等，动态控制施工成本费用。

每楼层施工进度应使预制构件安装和现浇混凝土科学合理地有序穿插进行。单位工程预制率不够高时，可采用流水施工；预制率较高时，以预制构件吊装安装工序为主安排施工计划，使相应专业操作班组之间实现最大限度的搭接施工。图6-3所示为预制剪力墙结构施工实景。

图 6-3　预制剪力墙结构施工实景

6.1.7　装配式混凝土结构技术管理及质量管理特点

（1）装配式混凝土结构施工图纸会审同传统现浇结构不同。其施工图纸会审重点应在预制构件生产前，通过深化或拆分构件图纸环节，审查是否在同一张施工图中展现结构、建筑、水、暖、通风、强电、弱电及施工需要的各种预留预埋等。预制构件安装专项施工方案编制应根据具体工程，针对性地介绍解决预制构件安装难点的技术措施，制定预制构件之间或同传统现浇结构节点之间可靠连接的有效方法；预制构件安装专项技术交底重点是预制构件吊装安装要求，钢套筒灌浆或金属波纹管套筒灌浆、浆锚搭接、铆筋冷挤压接头、钢筋焊接接头要求是重点关注部位。

（2）质量管理方面：应根据现行质量统一验评标准中主控项目和一般项目要求，结合产业化工程特点设置具体管理内容；应有施工单位、监理单位对生产企业进行驻场监造预制构件或部品生产过程，施工现场也应充分考虑到竖向构件安装时的构件位置、构件垂直度、水平构件的净高、位置；后浇构件中钢筋、模板、混凝土诸分项的质量及同相邻预制构件的结合程度，预制构件中水电暖通线管、盒、洞的位置及同现浇混凝土部分中线管、盒、洞的关联关系；技术资料整理应该体现装配式混凝土的特点，设置相应的标准表格。

6.1.8　装配式混凝土结构工程成本控制特点

装配式建筑造价构成与现浇结构有明显差异，其工艺与传统现浇工艺有本质的区别。建造过程不同，建筑性能和品质也会不一样，二者的"成本"并没有可比性，只能在同等造价条件下提高建筑各种性能，或者在同等建筑性能条件下降低造价。从全局和整体思考，为了绿色环保低碳和提高建筑品质，适当增加造价也是能接受的，并且随着建筑产业化技术的不断进步，工程项目不断增多，预制构件规格进一步统一，成本会逐渐下降。

6.2 装配式混凝土结构施工进度管理

施工方是工程实施的一个重要参与方，许许多多的工程项目，特别是大型重点建设项目，工期要求十分紧迫，施工方的工程进度压力非常大。数百天的连续施工，一天两班制施工，甚至 24 h 连续施工时有发生。但是，不是正常有序地施工，盲目赶工难免会导致施工质量问题和施工安全问题的出现，并且会引起施工成本的增加。施工进度控制不仅关系到施工进度目标能否实现，还直接关系到工程的质量和成本。在工程施工实践中，必须树立和坚持一个最基本的工程管理原则，即在确保工程安全和质量的前提下，控制工程的进度。

为了有效地控制施工进度，尽可能摆脱因进度压力而造成工程组织和管理的被动，施工方有关管理人员应深化理解：

① 如何科学合理地确定整个建设工程项目的进度目标。

② 影响整个建设工程项目进度目标实现的主要因素。

③ 如何正确处理工程进度与工程安全和质量的关系。

④ 施工方在整个建设工程项目进度目标实现中的地位和作用。

⑤ 影响施工进度目标实现的主要因素。

⑥ 施工进度控制的基本理论、方法、措施和手段等。

6.2.1 施工进度控制的任务

业主方进度控制的任务是控制整个项目实施阶段的进度，包括控制设计准备阶段的工作进度、设计工作进度、施工进度、物资采购工作进度以及项目动用前准备阶段的工作进度。

设计方进度控制的任务是依据设计任务委托合同对设计工作进度的要求控制设计工作进度，这是设计方履行合同的义务。另外，设计方应尽可能使设计工作的进度与招标、施工和物资采购等工作进度相协调。在国际上，设计进度计划主要是确定各设计阶段的设计图纸（包括有关的说明）的出图计划，在出图计划中标明每张图纸的出图日期。

施工方进度控制的任务是依据施工任务委托合同对施工进度的要求控制施工工作进度，这是施工方履行合同的义务。在进度计划编制方面，施工方应视项目的特点和施工进度控制的需要，编制深度不同的控制性和直接指导项目施工的进度计划，以及按不同计划周期编制计划，如年度、季度、月度计划等。

供货方进度控制的任务是依据供货合同对供货的要求控制供货工作进度，这是供货方履行合同的义务。供货进度计划应包括供货的所有环节，如采购、加工制造、运输等。

正如前述，施工方进度控制的任务是依据施工任务委托合同对施工进度的要求控制施工工作进度，这是施工方进行合同的义务。

施工方进度控制的主要工作环节包括：

（1）编制施工进度计划及相关的资源需求计划。

施工方应视项目的特点和施工进度控制的需要，编制深度不同的控制性和直接指导项目施工的进度计划，以及不同计划周期的计划等。为确保施工进度计划能得以实施，施工方还应编制劳动力需求计划、物资需求计划以及资金需求计划等。

（2）组织施工进度计划的实施。

施工进度计划的实施指的是按进度计划的要求组织人力、物力和财力进行施工。在进度计划实施过程中，应进行下列工作：

① 跟踪检查，收集实际进度数据。

② 将实际进度数据与进度计划进行对比。

③ 分析计划执行的情况。

④ 对产生的偏差，采取措施予以纠正或调整计划。

⑤ 检查措施的落实情况。

⑥ 进度计划的变更必须与有关单位和部门及时沟通。

（3）施工进度计划的检查与调整。

① 施工进度计划的检查应按统计周期的规定定期进行，并应根据需要进行不定期的检查。施工进度计划检查的内容包括：

a. 检查工程量的完成情况。

b. 检查工作时间的执行情况。

c. 检查资源使用及与进度保证的情况。

d. 前一次进度计划检查提出问题的整改情况。

② 施工进度计划检查后应按下列内容编制进度报告：

a. 进度计划实施情况的综合描述。

b. 实际工程进度与计划进度的比较。

c. 进度计划在实施过程中存在的问题及其原因分析。

d. 进度执行情况对工程质量、安全和施工成本的影响情况。

e. 将采取的措施。

f. 进度的预测。

③ 施工进度计划的调整应包括下列内容：

a. 工程量的调整。

b. 工作（工序）起止时间的调整。

c. 工作关系的调整。

d. 资源提供条件的调整。

e. 必要目标的调整。

6.2.2　施工进度计划的类型

施工方所编制的与施工进度有关的计划包括施工企业的施工生产计划和建设工程项目施工进度计划（图6-4）。

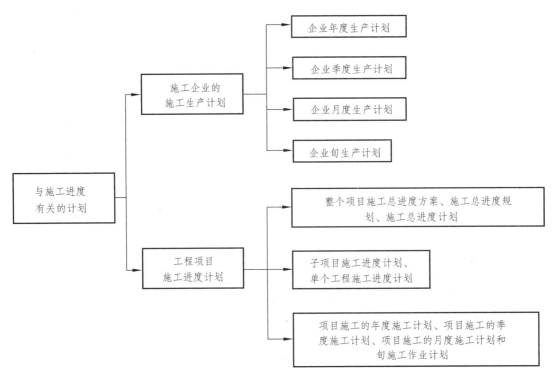

图 6-4　与施工进度有关的计划

施工企业的施工生产计划，属于企业计划的范畴。它以整个施工企业为系统，根据施工任务量、企业经营的需求和资源利用的可能性等合理安排计划周期内的施工生产活动，如年度生产计划、季度生产计划、月度生产计划等。

建设工程项目施工进度计划，属于工程项目管理的范畴。它以每个建设工程项目的施工为系统，依据企业的施工生产计划的总体安排和履行施工合同的要求，以及施工的条件 [包括设计资料提供的条件、施工现场的条件、施工的组织条件、施工的技术条件和资源（主要指人力、物力和财力）条件等]和资源利用的可能性，合理安排一个项目施工的进度。如：

① 整个项目施工总进度方案、施工总进度规划、施工总进度计划（这些进度计划的名称尚不统一，应视项目的特点、条件和需要而定，大型建设项目进度计划的层次多一些，而小型项目只需编制施工总进度计划）。

② 子项目施工进度计划和单体工程施工进度计划。

③ 项目施工的年度施工计划、项目施工的季度施工计划、项目施工的月度施工计划等。

施工企业的施工生产计划与建设工程项目施工进度计划虽属两个不同系统的计划，但是，两者是紧密相关的。前者针对整个企业，而后者则针对一个具体工程项目，计划的编制有一个自下而上和自上而下的往复多次的协调过程。

建设工程项目施工进度计划若从计划的功能区分，可分为控制性施工进度计划、指导性施工进度计划和实施性施工进度计划。具体组织施工的进度计划是实施性施工进度计划，必须非常具体。控制性进度计划和指导性进度计划的界限并不十分清晰，前者更宏观一些。大型和特大型建设工程项目需要编制控制性施工进度计划、指导性施工进度计划和实施性施工进度计划，而小型建设工程项目仅编制两个层次的计划即可。

6.2.3 施工进度控制措施

（1）采用动态控制原理。

由于施工进度控制是一个不断进行的动态控制，况且预制构件生产计划由施工现场外委托加工分包企业承担，预制构件进场时间可能有变化，故实际进度同计划进度有偏差。因此，要随时分析产生偏差的原因，预制构件同后浇混凝土合理穿插工序，衔接合理，随时采取相应措施，及时调整优化原计划，使实际进度同计划进度相吻合。

（2）施工进度控制方法。

① 行政方法。

专项施工员会同项目部经理利用行政命令，进行指导、协调、考核，利用激励手段，督促预制构件生产单位按期完成构件加工任务，并及时送到施工现场，督促预制构件施工安装进度按照预定计划科学有效地实施。

② 经济手段。

项目经理及专项施工员利用分包合同或其他经济责任状，对预制构件生产单位和施工现场作业班组或劳务队人员进控制约束，采取提前奖励拖后处罚的方法，确保预制构件专项施工安装进度按时完成。

③ 管理方法。

在施工安装中通过采用施工人员多年自行总结的适用性操作办法，确保既定专项预制构件施工安装进度计划目标能够实现。

④ 组织措施。

项目经理及专项施工员通过科学组织、合理安排，联系预制构件生产单位按每楼层将所需构件及时按期运送到施工现场；安装构件时将施工项目分解成若干细节，如地下室及楼层现浇层完工时间、每一楼层预制构件或部品安装完工时间；落实到作业班组或劳务队，以达到预定施工进度计划要求。

⑤ 技术措施。

采用新工艺、新技术和新材料、新设备及适用的操作办法，如预制叠合楼板采用钢独立支撑或盘扣式脚手架系统，剪力墙或框架柱采用钢斜支撑，加快预制构件施工安装进度。选用合理的吊装机械或开发适合具体工程使用的专用吊装机械及机具，后浇混凝土部分采用定型钢模板、塑料模板或铝模板及支撑系统，加快后浇混凝土施工进度，缩短施工持续时间。

⑥ 经济合同措施。

同预制构件生产企业密切沟通，使预制构件按照标准层施工计划尽量根据每一标准层所用的数量规格分批进场，减小或消除现场构件二次周转次数，从而降低安装机械费和人工费用；安装作业阶段应同作业班组或劳务分包方订立具体的专项承包合同，确保预制构件施工进度按时完成，按期完成进行经济奖励，安装工期拖后对作业班组或劳务分包方进行经济处罚。

⑦资金保障措施。

专项施工员会同项目部经理确保专项工程进度的资金落实，留足采购预制构件及相关材料的专项资金，按时发放作业班组或分包方工资，对施工操作人员采用必要的奖惩手段，保证施工工期按时完成。

6.2.4 施工进度计划实施和调整

（1）细化施工作业计划。

专项施工员应编制日、周（旬）施工作业计划，将预制构件安装及辅助工序细化。后浇混凝土中支模、绑扎钢筋、浇筑混凝土及预留预埋管、盒、洞等施工工序也应细化和优化。

（2）签发施工任务书。

专项施工员应签发施工任务书，将每项具体任务向作业班组或劳务队下达。

（3）施工过程记录。

专项施工员应跟踪每日施工过程，做好每日施工工作记录，特别是单位工程第一次安装预制构件时，由于机械和操作人员熟练程度较差，配合不够默契，往往可能比预定使用的时间大幅延长，因此要提前对操作人员进行培训，使之熟练，逐步缩短预制构件安装占用的时间。

（4）采用科学化手段。

采用科学化手段如横道图法、S形曲线图法等方法，通过调查、整理、对比等步骤对施工计划进行检查。

（5）施工协调调度。

专项施工员应做好施工协调调度工作，随时掌握计划实施情况，协调预制构件安装施工同主体结构现浇或后浇施工、内外装饰施工、门窗安装施工和水电空调采暖施工等各专业施工的关系，排除各种困难，加强薄弱环节管理。

（6）施工进度计划调整。

①计划调整。

施工进度计划在执行过程中会出现波动性、多变性和不均衡性，因此，当实际进度与计划进度存在差异时，就必须对计划进行调整，确保目标按计划实现。

②分析计划偏差原因。

分析预制构件安装施工过程中某一分项时间偏差对后续工作的影响，分析网络计划实际进度与计划进度存在的差异，如剪力墙上层钢套筒或金属波纹管套入下层预留的钢筋困难，两块相邻预制剪力墙板水平钢筋密集影响板就位等，因此采取改变工程某些工序的逻辑关系或缩短某些工序的持续时间的方法，使实际工程进度同计划进度相吻合。

③具体措施。

组织措施：增加预制构件安装施工工作面，增加工程施工时间，增加劳动力数量，增加工程施工机械和专用工具等。

技术措施：改进工程施工工艺和施工方法，缩短工程施工工艺技术间歇时间，在熟练掌握预制构件吊装安装工序后改进预制构件安装工艺，改进钢套筒或金属波纹管套筒灌浆工艺等。

经济措施：对工程施工人员采用"小包干"和奖惩手段，对于加快的进度所造成的经济损失给予补偿。

其他措施：加强作业班组或劳务队思想工作，改善施工人员生活条件、劳动条件等，提高操作工人工作的积极性。

6.3 装配式混凝土结构人力资源管理

施工总包企业常常将预制构件分包给具有混凝土生产资质的专业厂家生产，而现场预制构件安装及连接可作为单项工程发包给有资质的劳务分包单位管理。装配式混凝土结构承包方式的推广将会使施工企业逐步融入专业化承包方向上来，给全产业链的组织管理带来冲击。

6.3.1 劳务承包方式

（1）劳务承包方式种类。

装配式混凝土结构工程劳务分包是指，施工单位将其承包的工程劳务作业发包给劳务分包单位完成，装配式混凝土结构工程劳务分包单位一般采取劳务直管方式。劳务直管方式是指将劳务人员或劳务骨干作为施工企业的固定员工参与建筑施工的管理模式，其明显特征是：由于现场劳务管理由企业施工员工完成，对劳务队伍管理较规范。具体采取下列三种方式：

① 施工企业内部独立的劳务公司。

劳务公司就是企业内部劳务作业层从企业内部管理分离出来成立的独立核算单位。劳务公司管理独立于本企业，经营上自负盈亏，并向本企业上缴一定管理费用。其管理层由参与组建的各方确定，以本企业内部劳务市场需求为主，也可参与企业外部的劳务市场竞争；作业员工以企业内部原有的劳务人员组成，适当吸纳社会上有意参股的施工队伍共同筹资组建，劳务公司内部具体权益分配主要由各方投资份额决定。

② 企业内部成建制的劳务队伍。

该劳务队伍同企业成立相对固定的施工队伍，劳务人员与企业签订长期的合同，享受各种培训、保险等福利待遇。劳务队伍在企业内部根据工程需求在各个工地流动，也可将该劳务队伍外包到其他相关工程中，保证作业员工稳定收入，也可引入外部劳务队伍参与企业内部竞争。

③ 稳定技术骨干加临时工形式。

这种形式就是以企业内部劳务作业层为主，招募社会零散劳务人员或小型施工队伍，与企业内部职工同等管理，现场管理由企业施工员担任。此类形式下企业固定员工少，社会零散劳务人员用时急招，不用时遣散，故劳务风险较小，骨干长期保留，便于控制和管理。

上述三种形式各有特点，因此应坚持长期对劳务分包人员进行专业培训考核，确保劳务人员劳动积极性和技术水平，使用相对稳定，劳务成本可控。

（2）具体分项工程劳务分包管理。

装配式混凝土工程中现场吊装安装工序、钢套筒灌浆或金属波纹管灌浆工序可以采用以上三种劳务分包管理形式，其他传统施工工序，如钢筋绑扎专业、模板支设专业、混凝土浇筑专业及轻质墙板安装专业也可采用以上三种劳务分包管理形式，做到专业化操作、标准化管理，进度和工程质量均有保证。

6.3.2 项目部管理人员及作业层人员组织

（1）施工现场机构组成。

项目经理负责制的建立是使各责任人明确各自的职责和职权范围，使有关人员按照其职责、权限及时有效地采取纠正和预防措施，以至达到消除、防止、杜绝产品过程和质量体系不合格的现象，使质量保证措施全部得到控制。根据工程的特点，工程项目管理组织机构由三个层次组成：指挥决策层、项目管理层、施工作业层。

① 指挥决策层。

指挥决策层由企业总工程师和经营、质量、安全、生产、物资、设备等部门领导组成，是建筑企业运用系统的观点、理论和方法对施工项目进行的计划、组织、监督、控制、协调等全过程、全方位的管理。

② 项目管理层。

根据工程性质和规模，装配式混凝土结构实行项目法施工，成立项目经理部，项目经理部领导由项目经理、技术负责人组成，下设施工、质量、安全、资料、预算合同、财务、材料、设备、计量、试验等部门，确保工程各项目标的实现。

③ 施工作业层。

施工作业层根据工程进度和规模，由相关专业班组长及各相关专业作业人员组成。

（2）施工现场作业层。

① 根据住房和城乡建设部人事司《关于调整住房城乡建设行业技能人员职业培训合格证职业、工种代码的通知》（建人劳函〔2016〕18号）通知要求，传统混凝土结构工程主要有测量工、模板工、钢筋工、混凝土工、砌筑工、架子工、抹灰工及管工、电工、通风工、电焊工、弱电工。

② 装配式结构除了上述工种以外，还需要机械设备安装工、起重工、安装钳工、起重信号工、建筑起重机械安装拆卸工、室内成套设施安装工，根据装配式建筑特点还需要移动式起重机司机、塔式起重机司机及特有的钢套筒灌浆或金属波纹管灌浆工等。

6.3.3 劳动力资源管理

装配式混凝土工程行业也同建筑施工一样，作业人员现状不容乐观。目前，我国建筑行业人员情况分析如下：

（1）从业人员的年龄。

从建筑施工企业作业人员年龄结构分布来看，20～25岁这个年龄段占了一半以上。这个年龄段的从业人员由于刚刚步入社会，相关的社会经验还明显不足是大部分从业人员的特征。但是由于这部分人所处的年代和社会环境决定了这个年龄段的从业人员自身对工作的热情度、勤奋度较高，心态较好，更为重要的是这部分人群在接受新鲜事物方面有较强的学习能力。装配整体式混凝土结构技术的发展和推进需要不断地学习和积累，这部分人在这方面具有相对较大的优势，经过正确的培训和引导，这部分从业人员必将成为我国发展建筑产业化技术的中坚力量。

（2）从业人员的学历。

从业人员的学历相对较低，接受过高等教育的从业人员所占比例较小一直是困扰装配式混凝土结构发展的关键问题，同时也是施工及生产预制构件企业发展的瓶颈问题。在目前的产业从业人员的学历分布中，中专和高中及以下学历的人员占了大多数。近些年来，随着大学的扩招和相关专业招生数量的逐渐增加，产业从业人员新陈代谢的速度还是相对较快的，也正在积极地向学历高层次推进。

（3）施工现场劳力资源管理。

施工现场项目部应根据装配式混凝土结构工程的特点和施工进度计划要求，编制劳力资源需求的使用计划，经项目经理批准后执行。

应对项目劳力资源进行劳力动态平衡与成本管理，实现装配整体式混凝土结构工程劳力资源的精干高效管理，对于使用作业班组或专项劳务队人员应制定有针对性的管理措施。

（4）作业班组或劳务队管理。

① 按照深化的设计图纸向作业班组或劳务队进行设计交底，按照专项施工方案向作业班组或劳务队进行施工总体安排交底，按照质量验收规范和专项操作规程向作业班组或劳务队进行施工工序和质量交底，按照国家和地方的安全制度规定、安全管理规范和安全检查标准向作业班组或劳务队进行安全施工交底。

② 组织作业班组或劳务队施工人员科学合理地完成施工任务。

③ 在施工中随时检查每道工序的施工质量，发现不符合验收标准的工序应及时纠正。

④ 在施工中加强每位操作人员之间的协调，加强每道工序之间的协调管理，随时消除工序衔接不良问题，避免人员窝工。

⑤ 随时检查施工人员是否按照规定安全生产，消灭影响安全的隐患。

⑥ 对专项施工所用的材料应加强管理，特别是坐浆料、灌浆料的使用应控制好，努力降低材料消耗，对于竖向独立钢支撑和斜向钢支撑应仔细使用、轻拿轻放，保证周转使用次数足够长久。

⑦ 加强作业班组或劳务队经济核算，有条件的分项应实行分项工程一次包死，制定奖励与处罚相结合的经济政策。

⑧ 按时发放工人工资和必要的福利和劳保用品。

6.3.4　用工分析

（1）分析人工的消耗量。

根据装配整体式混凝土结构特点，分析已建成的工程项目人工的消耗数量，对今后一段时间推广该项工作非常有意义。由于预制装配式混凝土结构体系减少了大量的湿作业，现场钢筋制作、模板及支架搭设、混凝土浇筑和模板及支架拆除的工作量大多转移到了产业化工厂。因此，现场钢筋工、木工、混凝土工的数量大幅度减少。同时，由于预制构件表面平整，可以实现直接刮腻子、刷涂料。因此，施工现场减少了抹灰工的使用量。但由于预制墙板存在构件之间连接及接缝处理的问题，因此，施工现场增加了套筒灌浆、墙缝处理等的用工，同时增加了预制构件吊装和拼装用工。由于施工方法的不同，施工现场只需要搭设外墙防护钢架网，减少了搭设外墙钢管脚手架及密目网的用工。

（2）建筑实例分析。

① 选取实例分析对象概述。

某某市某组团，总建筑面积约 14.52 万平方米，共 9 栋楼，最高为 18 层。该项目分为东西两个居住组；结构形式为剪力墙结构、框架结构，其中部分工程采用建筑产业化模式，采用预制三明治外剪力墙，预制内剪力墙，预制整体轻质内墙，PK 预应力叠合板，预制电梯井、楼梯、空调板及整体厨房、卫生间等预制构件或部品，单体建筑的预制率高达 80%。

选取有代表性的 8 号建筑产业化住宅楼为分析对象。

8 号建筑面积为 16 004.02 m^2，楼高度为 52.65 m，每层预制墙板 162 块、预制梁 4 根、空调板 30 块、PK 板 180 块。

② 实例对象分析范围。

A. 由于该项目各装配式单体建筑设计方案基本相同，因此，根据设计图纸，均为地下储藏室两层、地上 18 层，本工程 3～18 层采用预制装配式混凝土结构，基础、地下二层及地上二层范围仍采用现浇混凝土结构。因此，在进行造价指标对比分析时，选取预制构件装配式标准层作为分析范围。

B. 现浇混凝土结构体系状况。

按照传统设计图纸，该工程采用现浇混凝土剪力墙结构体系。采用桩径为 600 mm 的钻孔灌注桩，现浇钢筋混凝土桩筏基础。地下二层及地上各层采用钢筋混凝土剪力墙。外围护结构±0.000 m 以下为 250 mm 或 300 mm 厚钢筋混凝土墙；±0.000～5.900 m 采用 200 mm 厚加气混凝土砌块或钢筋混凝土墙。内隔墙在±0.000～5.900 m 范围除注明外，均为 200 mm 厚加气混凝土砌块墙；±0.000 m 以下，储藏室隔墙均为 100 mm 厚加气混凝土砌块墙。

C. 装配式混凝土结构体系状况。

按照预制装配式设计图纸，5.900～52.300 m 采用装配式混凝土结构体系，预制部位构件为预制夹心复合墙板 50 mm（钢筋混凝土）+100 mm（EPS）+160 mm（钢筋混凝土），楼梯间为 50 mm（钢筋混凝土）+100 mm（EPS）+50 mm（钢筋混凝土）厚轻质混凝土隔墙板，内隔墙采用 100 mm 厚预制混凝土墙板，预制预应力混凝土叠合楼板，预制楼梯、女儿墙采用预制夹心复合墙板。

③ 实例数据来源分析。

分析所需的数据主要包括施工工程量、材料及预制构件价格等。

为进行造价数据的分析，参照该单体建筑物传统施工现浇混凝土结构模式下的图纸及装配式混凝土结构设计的图纸，分别按照《××省建筑工程工程量计算规则》及《××省预制装配式混凝土结构建筑工程消耗量补充定额》规定的工程量计算规则，分别计算传统现浇施工模式和装配式模式下各种构件的工程量。以此为基础，分别套用《××省建筑工程消耗量定额》和《××省预制装配式混凝土结构建筑工程消耗量补充定额》，计算人工、材料和机械的消耗量。参照 2016 年当地材料预算价格，计算人工费、材料费和机械费，并根据××省建筑安装工程费用项目组成及计算方法，计算其他各项费用。

基于以上依据和方法，可以分别得到传统现浇混凝土结构及装配式混凝土结构各分部分项工程的工程量，作为进行造价指标和人工对比的基础。限于篇幅，工程量的原始数据对比本书省略。

④ 实例人工消耗结果分析。

A. 人工消耗量的差异。

在进行两种结构体系下人工消耗的对比时，由于机电安装工程主要是配管工程的差异，所占比例很小，所以不做人工消耗量分析，因此，只对土建和装饰部分人工消耗量进行比较分析。

B. 人工消耗量分析。

根据两种结构体系下标准层图纸计算工程量，套用《××省建筑工程消耗量定额》及《××省装配整体式混凝土结构建筑工程消耗量补充定额》，得到两种结构体系下人工的消耗量。经计算，传统现浇施工模式下共消耗人工 3 772.72 工日，折合每标准层平方米人工消耗 4.78 工日。预制装配式结构体系下共消耗人工 3 331.09 工日，折合每标准层平方米人工消耗 4.22 工日。预制装配式结构体系比传统现浇结构体系施工现场人工消耗减少 446.60 工日，降幅约11.72%。各分部分项工程每标准层平方米人工消耗对比如图 6-5 所示：

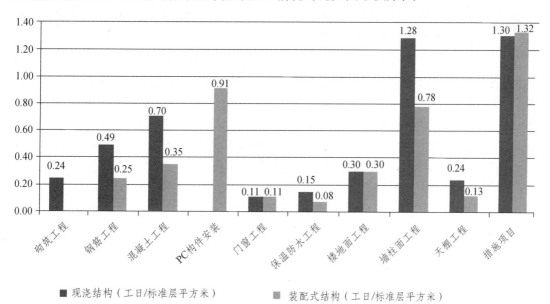

■ 现浇结构（工日/标准层平方米）　　　■ 装配式结构（工日/标准层平方米）

图 6-5　某工程分部分项工程人工消耗差异对比

从图 6-5 可以看出，各分部分项工程人工消耗的差异较大，其变化也各有不同。经测算，门窗工程及楼地面工程由于在两种结构体系下无明显变化，其工程量及定额套用基本相同，因此，其人工消耗变化可以忽略。由于所有内外加气混凝土砌块墙都变更设计为预制混凝土墙板，砌筑工程的工作内容连同砌块墙体与混凝土构件连接处所需的抗裂网在标准层均未发生，因此，其人工消耗的变化为减少 100%。由于原部分现浇混凝土构件变更设计为预制构件，钢筋及混凝土工程现场施工量明显减少。其人工消耗分别减少 188.7 工日和 279.9 工日，减少比例分别为 49.24%和 50.63%。同时预制构件安装增加 717.33 工日。由于外墙保温板已经包含在三明治外墙板中，因此，保温防水工程节约人工 54.01 工日，减少比例为 46.39%。由于预制混凝土构件表面平整度较好，可以实现直接刮腻子刷涂料，施工现场减少了大量的抹灰工作。因此，墙柱面工程和天棚工程装饰抹灰的人工消耗量明显减少，特别是墙柱面工程，由于内外墙抹灰面积较大，人工消耗量减少 394.6 工日,对总人工消耗减少的贡献率为 88.35%。

⑤ 案例工程人工费小结。

从案例工程得出初步结果，传统现浇模式下使用大批量的劳务用工人员教育程度参差不齐，文化程度普遍不高。预制装配式施工使用现代产业化工人，受过良好的教育和专业化的培训，文化程度普遍较高。相对而言，预制装配式结构体系下的人工工资单价稍高，但是总用工节省11%。随着装配式结构的推广，操作人员熟练程度、安装专业化程度的提高，人工费会进一步降低。

6.4 装配式混凝土结构材料管理

6.4.1 预制构件及材料采购管理

装配式混凝土工程预制构件及材料采购分为预制构件及部品采购和其他材料采购。

（1）预制构件及其他材料采购准备。

预制构件及其他材料采购是保证材料供应的基础，和现场施工安装密切相关，首先要了解装配式混凝土结构工程深化设计要求、施工安装进度等情况。因此，项目部应提前编制预制构件及其他材料采购供应计划，切实掌握工程所需预制构件及其他材料的品种、规格、数量和使用时间，项目部内部施工生产、技术、材料、造价、计划、财务等部门应密切配合，做好预制构件及其他材料采购工作，应同预制构件及其他材料的生产厂家或经销单位、运输单位密切联系、密切协作，为现场施工安装做好物质准备。

（2）预制构件及其他材料市场经济信息收集。

拟建装配式建筑的项目部应会同材料员及时了解预制构件及其他材料市场商情，掌握预制构件及其他材料供应商、货源、价格等信息。对预制构件及其他材料市场经济信息、供需动态等进行搜集、整理、分析。预制构件及其他材料市场信息经过整理后，进行比较分析和综合研究，制订出预制构件及其他材料经济合理的采购策略和方案。

（3）预制构件及其他材料市场采购。

预制构件及其他材料订货，主要做好以下工作：

① 订货前，供需双方均需具体落实预制构件及其他材料资源和需用总量。供需双方就供货的品种、规格、质量、供货时间、供货方式等具体事宜进行具体协商，并解决有关问题，统一意见后，由供需双方签订预制构件及其他材料供货合同。

② 选择供货单位的标准为：质量应符合设计要求、价格低、费用省、交货及时、可以提供技术支持、售后服务好等。

③ 选择供货单位的方法有多种方式，可采用直观判断法、采购成本比较法、综合评分法、材料采购招标法等来选择确定性价比最高的供货单位。

6.4.2 预制构件及部品采购合同内容

预制构件及部品采购合同内容包含：

（1）合同标的物情况。

（2）合同标的物数量。

（3）合同标的物包装。

（4）合同标的物交付及运输方式。

（5）合同标的物验收。

（6）合同标的物交货期限。

（7）合同标的物价格。

（8）合同标的物结算。

（9）合同标的履行合同时违约责任。

6.4.3 预制构件及其他材料现场组织管理

（1）预制构件及其他材料供应计划。

分项工程开工前，应向项目部材料负责人提供需要的材料供应计划，计划上明确提出所需材料的品种、规格、数量和进场时间。

（2）预制构件及其他材料进场验收。

当所需预制构件及其他材料进场时，专业施工员会同材料负责人和技术负责人共同对其进行验收。验收包括材料品种、型号、质量、数量等，并办理验收手续，报监理工程师核验。

（3）预制构件及其他材料储存和保管。

进场的材料应及时入库，建立台账，定期盘点。

（4）材料领发。

凡是有预算定额或工程量清单的材料均应凭限额领料单领取材料，装配式构件安装分项工程施工完成后，剩余材料应及时退回。

（5）预制构件及其他材料使用过程管理。

在施工过程中，专业施工员和材料员应对作业班组和劳务队工人使用材料进行动态监督，指导施工操作人员正确合理使用材料，发现浪费现象及时纠正。

（6）预制构件及其他材料 ABC 分类管理。

ABC 分类管理法又称 ABC 分析法、重点管理法，主要是分析对施工生产起关键作用的占用资金多的少数品种、起重要作用的占用资金较多的品种和起一般作用的占用资金少的多数品种的规律。在管理中要抓好关键，照顾重要，兼顾一般。

ABC 分类管理的基本方法是：统计预制构件、部品及其他工程消耗的材料在一定时期内的品种项数和各品种相应的金额，登入分析卡；将分析卡排列的顺序编成按金额大小的消耗金额序列表，按金额大小分档次；根据序列表中的材料，计算各种材料金额所占总品种总金额的百分比。

例如以装配式混凝土专项工程每个品种的金额大小为主，进行 ABC 分类，如表 6-1。

表 6-1　ABC 分类法示例

项　　目	A	B	C
外墙夹心墙板系统	外墙夹心墙板	钢套筒、金属波纹管、冷挤压套筒、坐浆料、灌浆料、钢斜撑、钢独立支撑	水泥砂浆、聚合物砂浆、垫板、线管、线盒

项　目	A	B	C
内墙板系统	内墙板	坐浆料、钢斜撑、钢独立支撑	水泥砂浆、聚合物砂浆、垫板、线管、线盒
外墙挂板系统	外墙挂板	钢斜撑、钢独立支撑、预埋件、连接螺栓	水泥砂浆、聚合物砂浆、线管、线盒
预制混凝土柱系统	预制混凝土柱	钢套筒、金属波纹管、冷挤压套筒、坐浆料、灌浆料、钢斜撑	水泥砂浆、聚合物砂浆、吊装埋件、垫板、线管、线盒
预制混凝土梁系统	预制混凝土梁	钢套筒、金属波纹管、冷挤压套筒、灌浆料、钢斜撑、连接套筒	焊条

从表 6-1 可以清楚看出,管理的重点是切实管好预制构件及其他材料中少数品种并占多数金额的 A 类,兼顾 B、C 类。在预制构件及其他材料储备中,由于 A 类占用资金多,一般是按设计规格尺寸实际用量,无多余储备量,因此应严格进行采购和控制,促使加强管理,减少资金占用;B 类材料品种多于 A 类而资金少于 A 类,按最高储备量采购和控制;C 类材料品种繁多,占用资金不多,为了保证供应可在其他材料储备量中调增 10% ~ 30%,其目的是减少储备资金占用。

处理好重点材料和一般材料的关系,把主要精力放在 A 类材料上,抓住主要矛盾,兼顾 B 类材料,不忘 C 类材料。因为缺任何一种材料都会给正常施工生产造成损失,而且这两类材料品种多、用途广泛,如果放松管理必然造成浪费。重点与一般也是相对的。另外,因建筑施工中的结构形式不同、施工阶段不同等因素,具体工程中预制装配率不同,所以材料管理的重点也会相应变化。

6.4.4　预制构件及材料运输

(1)预制构件运输的要求。

预制构件中墙板等构件的长度、宽度均远远大于厚度,正立放置自身稳定性差,因此运输车辆应设置侧向护栏。

(2)构件码放要求。

预制构件一般采用专用运输车运输;采用改装车运输时应采取相应的加固措施。

预制构件在运输过程中,运输的振动荷载、垫木不规范、预制构件堆放层数过多等也可能使预制构件在运输过程中结构受损、破坏。同时,也有可能由于运输的不规范导致保温材料、饰面材料、预埋部件等被破坏。

装配式构件的运输见图 6-6。

(3)构件出厂强度要求。

构件出厂运输时动力系数宜取 1.5,混凝土强度实测值不应低于 30 MPa;预应力构件当无设计要求时,出厂时混凝土强度不应低于混凝土强度设计值的 75%。

图 6-6 装配式建筑构件运输

（4）运输过程安全控制。

预制混凝土构件运输宜选用低平板车，并采用专用托架，构件与托架绑扎牢固。

预制混凝土梁、叠合板和阳台板宜采用平放运输；外墙板、内墙板宜采用竖直立放运输；立放由于自身稳定性差、重心高，路途颠簸时易倾覆，故立放使用靠放架运输比较安全。

柱、梁可采用平放运输，预制混凝土梁、柱构件运输时，平放不宜超过 2 层。

专用托架、车厢板和预制混凝土构件间应放入柔性材料，构件应用钢丝绳或夹具与靠放架绑扎，构件边角或与锁链接触部位的混凝土应采用柔性垫衬材料保护。

（5）装运工具要求。

装车前应先检查钢丝绳、吊钩吊具、墙板靠放架等各种工具是否完好、齐全。

确保挂钩没有变形、钢丝绳没有断股开裂现象，确定无误后方可装车。

吊装时按照要求，根据构件规格型号采用相应的吊具进行吊装，不能有错挂漏挂现象。

（6）运输组织要求。

进行装车时应按照施工图纸及施工计划的要求组织装车，注意将同一楼层的构件放在同一辆车上。

为节省时间，不可随意装车，以免到现场卸车费时费力。

装车时注意避免磕碰构件等不安全的事发生。

（7）车辆运输要求。

① 运输路线要求。

选择运输路线时，超宽、超高、超长构件可能无法运输，应综合考虑路线上桥梁、隧道、涵洞限高和路宽等制约因素。

运输前应提前选定至少两条运输路线，以备不可预见情况发生。

② 构件车辆要求。

为保证预制构件不受破坏，应该严格控制构件运输过程。运输时除应遵守交通法规外，运输车辆的车速一般不应超过 60 km/h。转弯时车速应低于 40 km/h。构件运输到现场后，应按照型号、构件所在部位、施工吊装顺序分类存放，存放场地应为吊车工作范围内的平坦场地。

③ 施工现场内部运输。

考虑场区内施工道路硬化措施，设置双行道路或单行循环道路，道路两端应有不少于 12 m×12 m 范围的掉头车场，道路转弯半径不小于 15 m。

6.5 装配式混凝土结构工程技术与质量管理

装配式混凝土结构技术管理同传统现浇工程相比，技术管理应提前谋划。工程前期应提前同设计单位、建设单位、监理单位和预制构件生产单位沟通，确定工程深化设计图纸内容、土建专业同水暖电及智能化等各专业协调。预制构件及部品的生产安排前，技术质量前置尤为重要，具体工作包括施工图纸会审、单位工程施工组织设计的编制、预制构件安装专项施工方案的编制、预制构件安装专项技术交底和技术资料整理等内容。

质量管理应充分考虑到装配式混凝土结构的特点，全过程进行质量控制。

6.5.1 工程图纸会审

当施工图纸全部或分阶段深化设计出图后，首先由设计单位进行设计交底，了解设计概况和技术要求，在此基础上由施工项目部技术负责人组织技术、施工、质量、造价等专业人员进行施工图纸的学习和审核，发现问题及时解决。

（1）图纸会审步骤。

① 专业初审。

专业初审就是由施工总包单位土建技术负责人、造价人员和施工员按照现行设计和施工质量验收规范、标准、规程，还需参照各地市编制的相应专业技术导则、国家或地方编制的标准图集，对施工图纸有关预制构件或部品进行初步审查，将发现的图面错误和疑问整理出来并书面汇总。

② 施工企业内部会审。

在专业初审基础上，由施工总包单位项目部土建技术负责人组织内部技术人员、造价人员和专业施工员对土建部分、装饰部分、给水排水、电气、暖通空调、智能化等专业进行共同审核，消除图纸差错，对预制构件或部品同现浇（后浇）混凝土相互不协调处认真比对，找出解决思路，对机电安装的各种管线碰撞点进行分析，找到管线碰撞解决办法，协调各专业设计图纸之间的矛盾，形成书面资料。

③ 综合会审。

在总承包单位进行图纸会审的基础上，由业主组织总承包方及业主分包方（如机械挖土、深基坑支护、预制构件或部品生产、预制构件运输、室内装饰、建筑幕墙和水电暖通、设备安装单位）进行图纸综合会审，解决各专业设计图纸相互矛盾问题，深化、细化和优化设计图纸，做好技术协调工作。

（2）图纸审查内容。

① 建筑设计方面。

建筑设计方面的图纸审查内容包括：在装配式建筑方案设计阶段是否根据建筑功能与造型，规划好建筑各部位采用的工业化、标准化预制混凝土构配件的程度；在方案设计阶段中考虑预制构配件的制作和堆放以及起重运输设备的服务半径情况；在设计过程中是否统筹考虑预制构件生产、运输、安装施工等条件的制约和影响，与结构、设备等专业密切配合的程度。装配式混凝土建筑结构的预制外墙板及其接缝构造设计应满足结构、地方热工、防水、防火及建筑装饰的要求。装配式工程建筑设计要求室外室内装饰设计与建筑设计同步完成，预制构件详图的设计应该表达出装饰装修工程所需预埋件和室内水电的点位情况。

② 结构设计方面。

结构设计方面的图纸审查内容包括：装配式混凝土结构设计在满足不同地域对不同户型需求的同时，尽量通用化、模块化、规范化的程度；明确预制构件预制率为多少，部品装配率为多少；预制柱（空心柱）、预制梁、预制实心墙（夹心墙）、预制叠合板（实心板）、预制挂板、预制楼梯、预制阳台和其他预制构件的划分状况；结构设计中必须充分考虑预制构件节点拼缝等部位的连接构造的可靠性，确保装配式混凝土结构的整体稳固安全使用；底层现浇楼层和第一次装配预制构件楼层的转换层竖向连接措施是否详细，装配式混凝土结构设计考虑便于预制、吊装、就位和调整的措施。在预制构件设计及构造上，要保证预制构件之间、预制部分与叠合现浇部分的共同工作，构件连接达到等同现浇效果。

（3）图纸审查深度。

① 审查构件拆分设计说明。

② 审查施工需用的预埋预留洞。

③ 审查预制构件加工模板图。

④ 审查预制构件配筋图。

⑤ 审查构件连接组合图。

⑥ 审查预制构件饰面层的做法。

⑦ 审查外门窗、幕墙、整体式卫生间、整体式橱柜、排烟道等的做法。

⑧ 对于水暖电及智能化等各专业，应审查预制构件及部品预留预埋同后浇混凝土中后设置的管线、箱盒是否顺利对接。

6.5.2 专项工程施工方案内容要求

装配式混凝土结构专项工程施工前，需要编制专项工程施工方案，报企业技术负责人审查同意后，经项目工程监理单位、建设单位审核同意方可实施。

专项工程施工方案是施工操作的主要依据，是保证装配式混凝土结构工程质量的有力措施，是工程安全施工的有力保证，也是工程经济核算的重要依据。

（1）专项施工方案内容。

施工方案编制内容包括工程说明，编写依据，执行的规范、标准及规程，工期目标，安全文明施工目标，质量目标，科技进步目标，施工部署及准备，技术准备，劳动力组织及安排，主要材料计划，主要施工吊装机械工具型号、数量及进场计划，施工总平面图布置，预制构件及部品施工平面图布置，分项工程施工进度计划，工程形象进度控制点，分项工程施工工艺，主要工序施工要点特别是预制构件吊装安装要点，工程质量保证措施，冬、雨期施工措施，安全施工措施，绿色施工或文明施工及环境保护措施。

（2）专项施工方案说明。

① 工程名称_____

建设单位_____

设计单位_____

勘察单位_____

监理单位_____

总包施工单位_____

分包施工单位_____

预制构件生产单位_____

装饰部品生产单位_____

② 地址：该工程位于_____（省、自治区、直辖市）_____市_____区____路_____号。

③ 建筑面积_____m²、层数_____、标准层层高_____m，±0.000 相当于绝对标高_____m。

④ 使用预制构件的楼层建筑面积_____m²、层数_____、标准层层高_____m。

⑤ 工程造价_____万元人民币。

其中预制构件工程造价为_____万元人民币。

⑥ 装配式混凝土结构施工面积：

预制剪力墙外墙施工面积_____；

预制剪力墙内墙施工面积_____；

预制叠合楼板施工面积_____；

预制阳台板施工面积_____；

预制楼梯施工面积_____；

预制外墙挂板施工面积_____；

其他部位预制构件施工面积_____；

预制构件之间后浇混凝土施工面积_____。

（3）专项施工方案编写依据。

① 设计文件（施工图纸及深化拆分施工图纸、图纸会审记录和设计变更记录）。

② 现行的建筑工程施工质量验收规范、标准及规程或专项技术导则。

③ 现行的建筑施工安全技术规范及规程。

④ 建设工程施工合同（工程招标文件），预制构件生产分包合同。

⑤ 准备情况（道路、供电、供水是否通畅，场地是否平整足够，施工运输吊装机械是否就位）。

⑥ 专项施工方案具体内容。

（4）施工管理工作目标。

① 质量目标。

质量评定：达到_____标准。

质量目标：严格执行检验制度，全面实施过程控制。

② 安全及文明施工目标。

③ 科技进步目标。

（5）施工部署及准备。

① 技术准备。

② 劳动力组织及安排。

③ 主要施工吊装机械、工具型号、数量及进场计划。

④ 预制构件规格、质量、长度及进场计划，现场建筑材料数量及进场计划。

⑤ 分项工程施工工艺。

（6）分项工程施工进度计划。

① 楼层预制构件吊装计划。

② 钢筋连接计划。

③ 后浇混凝土浇筑计划。

④ 内外装饰计划。

⑤ 整体卫生间安装计划。

（7）工程形象进度控制点。

根据招标文件要求及结合企业施工实力，确定工期为_____天（日历日）。

计划开工日期_____年_____月_____日；

计划竣工日期_____年_____月_____日。

为确保工期目标的实现，特设以下工程形象进度控制点：

① 装配式混凝土框架结构。

第一控制点：地下室及现浇标准层结构完成 _____年_____月_____日

第二控制点：预制柱（或现浇柱）安装完成 _____年_____月_____日

第三控制点：预制梁、板安装完成 _____年_____月_____日

第四控制点：后浇混凝土及叠合板现浇层安装完成 _____年_____月_____日

② 装配式混凝土剪力墙结构。

第一控制点：地下室及现浇标准层结构完成 _____年_____月_____日

第二控制点：预制剪力墙（或现浇剪力墙）安装完成 _____年_____月_____日

第三控制点：预制底板安装完成 _____年_____月_____日

第四控制点：后浇混凝土及叠合板现浇层安装完成 _____年_____月_____日

（8）工程质量保证措施。

① 质量组织与管理。

② 质量控制措施。

③ 质量通病防治措施。

（9）安全施工措施。

① 安全管理体系。

② 安全生产制度。

③ 安全教育。

④ 安全技术防护措施。

⑤ 施工现场临时用电安全措施。

（10）现场成品保护及环境保护措施。

① 成品保护措施。

② 环境保护措施。

③ 环境与职业健康安全应急预案。

6.5.3 专项技术交底

（1）设计技术交底。

设计技术交底就是对深化施工图纸中有关预制构件的性能、规格，预制构件钢筋、混凝土，预制构件中结构、装饰、水暖电专业的预留预埋管线、盒箱，预制构件连接方式、连接材料性能、现浇结构做法和细部构造，通过文字或详图形式向作业班组或劳务队进行交底。

（2）专项施工方案交底。

专项施工方案交底内容包含：工程概况、拆分和深化设计要求、质量要求、工期要求、施工部署、现场堆放场地要求、运输吊装机械选用、预制构件进场时间、预制构件安装工序安排、预制构件安装竖向和斜向支撑要求、后浇混凝土钢筋、模板和浇筑要求、工程质量保证措施、安全施工及消防措施、绿色施工、现场文明和环境保护措施等。

（3）施工安装要点交底。

施工安装要点交底就是将每种做法的工序安排、基层处理、施工工艺、细部构造等，通过文字或详图形式向作业班组或劳务队进行交底。

6.5.4 装配式混凝土结构施工质量控制

（1）现场质量组织与管理概述。

由于装配式混凝土结构项目施工涉及面广，是一个极其复杂的综合过程，再加上建设周期长、位置固定、生产流动、结构类型不一、质量要求不一、施工方法不一、受自然条件影响大等特点；因此，装配式混凝土结构施工项目的质量比一般工业产品的质量更难以控制。其主要表现在以下几方面：

① 影响质量的因素多。

如预制构件上建筑、结构、水电暖通、弱电设计集成状况、材料选用、机械选用、地形地质、水文、气象、工期、管理制度、施工工艺及操作方法、技术措施、工程造价等均直接影响施工项目的质量。

② 容易产生质量变异。

因装配整体式混凝土结构项目中，尽管预制构件部品有固定的自动流水线生产，有规范化的生产工艺和完善的检测技术，有成套的生产设备和稳定的生产环境，产品成系列，但是大量现浇结构及装饰湿作业存在、设备后期穿管穿线终端器具安装作业仍然需要现场完成，影响施工项目质量的偶然性因素和系统性因素仍较多，因此，质量变异容易产生。

（2）装配式混凝土结构质量管理组织措施。

① 以人的工作质量确保工程质量。

工程质量是直接参与施工的组织者、指挥者和具体操作者共同创造的，人的素质、责任感、事业心、质量观、业务能力、技术水平等均直接影响工程质量；控制的动力是要充分调动人的积极性，发挥人的主导作用。因此，加强劳动纪律教育、职业道德教育、专业技术培训，健全岗位责任制，改善劳动条件，是确保工程质量的关键。

② 严格控制投入材料的质量。

任何一项工程施工，均需投入大量的各种原材料、成品、半成品、构配件，对于上述各种物资，主要是严格检查验收控制，正确合理地使用，建立管理台账，进行收、发、储、运等各环节的技术管理，避免将不合格的材料使用到工程上。为此，对投入物品的订货、采购、检查、验收、取样、试验均应进行全面控制，从组织货源、优选供货厂家直到使用认证，特别是预制构件及部品应使用经地方主管部门认证的产品，做到层层把关。

③ 全面控制施工过程，重点控制工序质量。

任何一个工程项目都是由若干分项、分部工程所组成的，要确保整个工程项目的质量，达到整体优化的目的，就必须全面控制施工过程，使每一个分项、分部工程都符合质量标准，而每一个分项、分部工程又是通过一道道工序来完成的，所以需通过每道工序的事先控制、事中控制、事后检查，达到全部施工工序无缝管理。

④ 机械控制。

机械控制包括施工机械设备、工具等控制。根据不同工艺特点和技术要求，选用匹配的合格机械设备也是确保工程质量关键；此外，还要正确使用、管理和保养好机械设备。为此，要健全"人机固定"制度、"操作证"制度、岗位责任制度、交接班制度、"技术保养"制度、"安全使用"制度、机械设备检查制度等，确保机械设备处于最佳使用状态。

⑤ 施工方法控制。

这里所说的施工方法控制，包含施工组织设计、专项施工方案、施工工艺、施工技术措施等的控制，这是构成工程质量的基础。应切合工程实际，对施工过程中所采用的施工方案要进行充分论证，切实解决施工难题、技术可行、经济合理，并有利于保证质量、加快进度、降低成本，做到工艺先进、技术合理、环境协调，有利于提高工程质量。

⑥ 环境控制。

影响施工项目质量的环境因素较多，有：工程技术环境，如工程地质、水文、气象等；工程管理环境，如质量保证体系、质量管理制度等；劳动环境，如劳动组合、作业场所、工作面等。环境因素对质量的影响，具有复杂而多变的特点，如气象条件就变化万千，温度、湿度、大风、暴雨、酷暑、严寒都直接影响工程质量，又如前一工序往往就是后一工序的环境，前一分项、分部工程也就是后一分项、分部工程的环境。因此，根据工程特点和具体条件，应对影响质量的环境因素采取有效的措施严加控制。尤其是施工现场，应建立文明施工和文明生产的环境，保持预制构件部品有足够的堆放场地，其他材料工件堆放有序，道路畅通，工作场所清洁整齐，施工程序井井有条，为确保质量、安全创造良好条件。

（3）预制构件生产过程质量组织与管理。

① 预制构件生产质量前置管理是预制构件质量合格的重要前提，因此，在当前国家装配式混凝土结构尚无出台对预制生产厂家具体要求的情况下，施工总包单位和监理公司应驻场监造，对于预制构件企业质量管理体系是否完善和健康运行进行检查，对生产预制构件的原材料、配件、混凝土制作成型过程、成品实物质量及相关质量控制资料进行检查。

② 预制构件生产企业质量行为控制要点：

a. 预制构件生产企业是否具备规定资质。根据住房和城乡建设部最新要求，预制构件生产企业应有预拌混凝土生产资质。

b. 预制构件生产企业是否具备必要的生产工艺、生产设备和检测设备。

c. 预制构件生产企业是否具备必要的原材料和成品堆放场地，成品保护措施落实情况。

d. 预制构件生产制作质量保证体系是否符合要求。

e. 预制构件生产制作方案编制、技术交底制度是否落实。

f. 原材料和产品质量检测检验计划建立是否落实。

g. 混凝土制备质量管理制度及检验制度建立落实情况。

h. 预制构件制作质量控制资料收集整理情况。

③ 预制构件生产过程质量检查要点

A. 原材料及混凝土质量控制要点。

a. 水泥、砂、石、掺合料、外加剂等质量合格证明文件及进场复试报告。

b. 钢筋、钢丝焊接网片、钢套筒、金属波纹管的质量合格证明文件及进场复试报告。

c. 钢套筒或金属波纹管灌浆连接接头的型式检验报告；钢套筒与钢筋、灌浆料的匹配性工艺检验报告。

d. 钢模板质量合格证明文件或加工质量检验报告。

e. 混凝土配合比试验检测报告。

f. 保温材料、拉结件的质量合格证明文件及相关质量检测报告。

g. 门窗框、外装饰面层及其基层材料的质量合格证明文件及相关质量检测报告。

h. 预埋管、盒、箱的质量合格证明文件及相关质量检测报告。

B. 构件制作成型过程质量控制要点。

a. 钢筋的品种、规格、数量、位置、间距、保护层厚度等质量控制情况。

b. 纵向受力钢筋焊接或机械连接接头的试验检测报告；纵向受力钢筋的连接方式、接头位置、接头质量、接头面积百分率、搭接长度等，箍筋、横向钢筋构造等质量控制情况。

c. 钢套筒或金属波纹管及预留灌浆孔道的规格、数量、位置等质量控制情况。

d. 预埋吊环的规格、数量、位置等质量控制情况。

e. 预埋管线、线盒、箱的规格、数量、位置及固定措施；预留孔洞的数量、位置及固定措施。

f. 混凝土试块抗压强度试验检测报告。

g. 夹心外端板的保温层位置、厚度，拉结件的规格、数量、位置等。

h. 门窗框的安装固定质量控制情况。

i. 外装饰面层的黏结固定质量控制情况。

j. 构件的标识位置情况。

④ 预制构件成品质量检查要点。

a. 混凝土外观质量及构件外形尺寸质量检查情况。

b. 预留连接钢筋的品种、级别、规格、数量、位置、外露长度、间距等质量检查情况。

c. 钢套筒或金属波纹管的预留孔洞位置等质量检查情况。

d. 与后浇混凝土连接处的粗糙面处理及键槽设置质量检查情况。

e. 预埋吊环的规格、数量、位置及预留孔洞的尺寸、位置等质量检查情况。

f. 水电暖通预埋线盒、线管位置、预留孔洞的尺寸、位置等质量检查情况。

g. 夹心外墙板的保温层位置、厚度质量检查情况。

h. 门窗框的安装固定及外观质量检查情况。

i. 外装饰面层的黏结固定及外观质量检查情况。

j. 构件的结构性能检验报告检查情况。

⑤ 构件运输过程保护措施。

预制构件和部品的质量在工厂制作或是现场施工过程中，往往会忽视运输过程出现的损伤开裂等问题，对运输的颠簸及吊装对预制构件和部品的冲击等考虑不周致使预制构件和部品开裂或损坏，因此应加强预制构件和部品的运输保护措施，减少甚至杜绝运输过程中预制构件和部品的损坏或损伤。

（4）预制构件进场验收质量控制要点。

预制构件进场应检查明显部位是否有标明生产单位、构件编号、生产日期和质量验收标志。预制构件上的预埋件、插筋和预留孔洞的规格、位置和数量是否符合标准图或拆分设计的要求。产品合格证、产品说明书等相关的质量证明文件是否齐全，与产品相符。

预制构件的外观质量是否有一般缺陷。对已经出现的一般缺陷，应根据合同约定按技术处理方案进行处理，并重新检查验收。预制构件的外观质量是否有严重缺陷，对已经出现的严重缺陷，应作退场报废处理。

（5）预制构件安装过程的质量控制和管理。

① 装配式混凝土结构施工安装常见质量通病。

a. 预制墙板、预制挂板轴线偏差超过标准，预制构件的尺寸偏差超过标准，均会导致安装就位困难。

b. 吊装缺乏统筹考虑，造成构件连接可靠性不足，构件安装时，吊点设置不当，操作起吊时机不当、安装顺序不对，造成个别构件安装后出现质量问题，导致构件安装精度差。

c. 连接钢筋位移，造成上下构件对接安装困难，影响构件连接质量。

d. 墙、柱找平垫块放置随意，造成墙板或柱安装不垂直。

e. 预制构件龄期达不到要求就安装，造成构件边角损坏。

f. 节点灌浆质量不高、灌浆不密实、漏浆等，影响连接效果，造成质量隐患。

② 预制构件同后浇混凝土之间存在的质量通病。

a. 后浇部分模板周转次数过多，板缝较大、不严密，易漏浆，尤其是节点处模板尺寸的精确性差，连接困难，后浇混凝土养护时间不足就拆卸模板和支撑，造成构件开裂，影响观感和连接质量。

b. 预制墙板与相邻后浇混凝土墙板缝隙及高差大、错缝等，连接处缝隙封堵不好，影响观感和连接质量。

c. 预制叠合楼板和叠合墙板因外力开裂、叠合楼板之间连接缝开裂、外墙挂板裂缝、外墙挂板之间缝隙开裂、内隔墙与周边连接处裂缝，均会影响结构整体受力，也影响美观和防渗漏效果。

③ 安装质量控制措施。

承受内力的接头和拼缝，当其混凝土强度未达到设计要求时，不得吊装上一层结构构件；当设计无具体要求时，应在混凝土强度不小于设计强度等级 75%或具有足够的支撑时，方可吊装上一层结构构件。已安装完毕的楼层混凝土结构，应在混凝土强度达到设计要求后，方可承受全部设计荷载。

（6）轻质条板隔墙质量验收及运输、堆放。

①轻质条板进场时应提供产品合格证和产品性能检测报告，并对进场材料全面进行外观检查。

②轻质条板均应采用密封包装，应采用侧立并加垫的方式装车运输，不得损伤构件；条板不能有开裂缺棱掉角现象，场内运输吊装采用合成纤维吊装带捆绑；条板按规格分垛，堆放在托板上，并采取防雨措施。

（7）钢筋工程质量控制要点。

①装配式混凝土结构后浇混凝土内的连接钢筋应埋设准确，连接与锚固方式应符合设计和现行有关技术标准的规定。

②预制构件连接处的钢筋位置应符合设计要求。

③应采用可靠的固定措施控制连接钢筋的外露长度，以满足钢筋与钢套筒或金属波纹管的连接要求。

（8）现浇工程中模板工程质量控制要点。

①模板与支撑应具有足够的承载力、刚度，稳固可靠，应符合深化和拆分设计要求，符合专项施工方案要求及相关技术标准规定。

②尽量使用刚度好、外观平整的铝合金模板、钢模板和塑料模板及支撑系统，使后浇混凝土结构同预制构件外观观感一致，平整度一致。

③模板与支撑安装应保证工程结构的构件各部分形状、尺寸和位置的准确，模板安装应牢固、严密、不漏浆，采取可靠措施防止模板变形，便于钢筋敷设和混凝土浇筑。

④装配式混凝土结构中后浇混凝土结构模板的偏差应符合规定。

⑤模板拆除时，宜采取先拆非承重模板、后拆承重模板的顺序。水平结构应由跨中向两端拆除，竖向结构模板应自上而下拆除。

⑥叠合构件的后浇混凝土同条件立方体抗压强度达到设计要求时，方可拆除模板及下面的支撑系统；当设计无具体要求时，同条件养护的后浇混凝土立方体抗压强度应符合表 6-2规定。

表 6-2　模板与支撑拆除时的后浇混凝土强度要求

构建类型	构件跨度/m	达到设计混凝土强度等级值的百分率/%
板	≤2	≥50
	>2，≤8	≥75
	>8	≥100
梁	≤8	≥75
	>8	≥100
悬臂构件		≥100

⑦预制柱或预制剪力墙板钢斜撑，应在连接节点和连接接缝部位后浇混凝土或灌浆料强度达到设计要求后拆除；当设计无具体要求时，后浇混凝土或灌浆料应达到设计强度的 75%以上方可拆除。

（9）后浇混凝土工程质量控制要点。

① 浇筑混凝土前，应做隐蔽项目现场检查与验收。验收项目应该包括下列内容：

a. 混凝土粗糙面的质量，键槽的规格、数量、位置。

b. 预留管线、线盒等的规格、数量、位置及固定措施。

② 混凝土浇筑完毕后，应按施工技术方案要求及时采取有效的养护措施。

a. 叠合层及构件连接处后浇混凝土的养护应符合规范要求。

b. 混凝土强度达到 1.2 MPa 前，不得在其上踩踏或安装模板支架。

③ 混凝土冬期施工应按现行规范《混凝土结构工程施工规范》GB 50666、《建筑工程冬期施工规程》JGJ/T 104 的相关规定执行。

④ 叠合构件混凝土浇筑时，应采取由中间向两边的方式。

⑤ 叠合构件混凝土浇筑时，不应移动预埋件的位置，且不得污染预埋件外露连接部位。

⑥ 叠合构件上一层混凝土剪力墙的吊装施工，应在与剪力墙整体浇筑的叠合构件后浇层达到足够强度后进行。

（10）围护结构中保温层质量验收要求。

① 围护结构中保温层质量验收要求，应根据建筑物是公共建筑还是居住建筑分别判定，应满足国家或地方建筑节能标准的基本要求。

② 预制构件的保温要求。

a. 预制构件的保温层进场验收，主要是对预制构件中的保温材料的品种、规格、外观和尺寸进行检查验收，其内在质量则需检查各种技术资料。

b. 预制构件如是保温夹心外墙板，墙板内的保温夹心层的导热系数、密度、抗压强度、燃烧性能应满足国家或地方的建筑节能要求。

c. 夹心外墙板中内外叶墙板的金属及非金属材料拉结件均应具有规定的承载力、变形和耐久性能，并应经过试验验证；拉结件应满足夹心外墙板的节能要求，避免出现热桥。

d. 对夹心外墙板，应绘制内外叶墙板的拉结件布置图及保温板排板图，并有隐蔽验收记录。

③ 现浇结构部分保温层验收要求。

对于现浇结构部分保温层，如地下室外围护结构、地上部分围护结构无预制构件所在楼层的保温层验收要求，应根据《建筑节能工程施工质量验收规范》GB 50411 的要求，验收实体质量。

6.6 装配式混凝土结构施工安全管理

6.6.1 装配式混凝土建筑施工的安全风险

相对于传统现浇结构施工，由于施工方法的不同，装配式建筑施工的安全管理侧重点也略有不同。从以往的工程实践来看，装配式建筑施工较多的安全问题主要存在于施工前期准备、施工装运、吊装就位、拼缝修补阶段，同时周边环境对施工安全的影响亦大于常规建筑施工方法。

（1）施工现场前期准备阶段存在的安全风险。

① 施工方案不到位。

如预制构件至堆放点的运输道路布置不合理导致道路的堵塞、破坏及车辆碰撞等；再如道路及堆场设在地库顶板上时，若前期未进行计算及采取相应的加固措施，则有可能导致地库顶板的开裂甚至坍塌等。

② 安全技术交底不到位。

因装配式建筑比常规施工有更多的吊装工作，如未进行相应的技术考核及安全技术交底，则容易造成施工人员未持证就上岗、吊装技术不熟练及施工人员站位不准确、缺少扶位而导致伤残等问题。

（2）施工装运阶段存在的安全风险。

① 吊装机械选型及吊装方案不到位，导致吊装设备的碰撞及超负荷吊装、斜吊预制构件等安全问题。

② 预制构件进场检测不到位，可能出现吊装时埋件拉出、吊点周边混凝土开裂、吊具损坏、预制件重心不稳等吊装隐患。

③ 吊装施工作业不规范，导致吊装预制构件时晃动严重及摆动幅度过大，增加了预制构件吊装时碰撞钢筋、伤人等安全隐患。

④ 预制构件堆放不规范，导致预制构件的倾覆、破坏，严重的还会导致人员受伤。

⑤ 防护设施安装不规范。在装配式建筑中一般不使用外脚手架而采用工具式防护架、围挡，倘若架体安装刚度不足或架体间缺少连接措施，则会导致架体不稳甚至导致物体、人员坠落。

（3）吊装就位阶段存在的安全风险。

① 临时支撑体系不到位。预制构件需采用临时支撑拉结与原有体系进行连接，操作人员在支撑未安装到位前随意松解或加固易使斜撑滑动，导致构件的失稳或坠落。

② 吊装、安装不到位。吊装幅度过大，易导致挤压伤人。而当预制构件预埋接驳器内有垃圾或者预埋件保护不到位时，吊具受力螺栓无法充分拧入孔洞内，从而导致螺栓部分受力，存在安全隐患。

③ 高空作业、临边防护不规范。

（4）拼缝、修补外饰面阶段存在的安全风险。

① 灌浆机的操作不当，在拼缝、修补外饰面过程中导致发生诸如浆料喷入操作者或其他人员眼睛里等安全事故。

② 由于预制外墙板之间有拼缝，因此在装配式建筑中常会用到吊篮对外墙面进行处理。吊篮作业的不规范会产生严重的安全后果。

6.6.2　影响装配式建筑安全管理的因素

通过对上述施工安全风险的分析，在建筑施工中对安全施工的影响主要有以下 5 大因素：人、机、料、法、环。

（1）人的因素。

人为因素是导致各类施工安全事故频发的首要因素。

① 安全意识的淡薄是人为因素中的根本。

② 缺乏必要的安全生产知识及施工内容和方法的学习、培训。

③ 缺少安全检查监督。

④ 安全防护用品穿戴不齐全、着装不规范。

⑤ 特种作业操作人员不专业，未持有有效证件上岗。

（2）机械设备的因素。

由于装配式建筑的施工特点，其施工过程中会有大量的吊装及吊篮作业，整个工程相对而言机械化程度更高。而这些设备使用前的选型不准确，使用老旧、有缺陷的设备，使用过程中缺少对机械设备的定期检查、监测以及设备的超负荷使用和性能衰退，设备之间的相互碰撞，等，都是造成安全风险的因素。

（3）材料的因素。

① 在施工过程中我们有大量的安全防护用品、设施，如果这些物品的质量及配备存在问题，那么对安全的影响之大是不言而喻的。

② 在施工过程中所涉及的各类构件等材料，如各类装配件吊钩的不牢固、脱落、断裂、装配件堆放支架的不牢固，装配件强度未达到设计要求，等，都会在施工过程中产生大量的安全隐患。

（4）方法的因素。

① 目前，各类施工中一般安全防护用品及设施都能够配备，但有了这些却不能够正确地使用是导致其影响安全的一大因素，如虽配备了安全帽却不系下颌带，配备了安全带却没有做到"高挂低用"甚至不挂，配备了护栏却没有安装牢固，等。

② 施工方案不够合理。装配式建筑是一门新技术，在方案编制时就需合理考虑吊装顺序，减少因施工流程造成安全事故的可能，对吊装点等安全重点采取专项保护措施，对高空临边及吊装作业要有针对性的安全防控措施。

③ 施工中所使用的各类设备都需要按照规范使用。

（5）环境的因素。

① 自然环境。

在施工过程中，常会遇到一些不利于施工的天气，如大风、下雨、雷电等，需要有应对预案。

② 施工现场环境。

如现场布局不合理或者乱堆放各类材料、机械等，对危险源的防护不到位，等，都是造成各类事故的安全隐患。

③ 安全氛围环境。

不良的施工安全氛围会导致工地安全事故频发、工人安全意识淡薄。

6.6.3 装配式建筑施工安全风险的管理措施

安全生产是保护劳动者人身安全、促进装配式建筑新技术推广的基本保证。企业必须坚持"安全为了生产，生产必须安全"的原则、"以人为本"的管理理念，采取措施确保人员、设备及工程的安全。

（1）人为风险的控制。

从前述对装配式建筑施工过程中各类风险及影响因素的分析可看到，人为因素对施工安全风险产生的影响最大。因此，对人为因素的防控也是安全管理的重中之重。

①提高施工人员的安全意识。通过持续的安全宣传教育，如对安全事故现场案例的播放及分析工人发生安全事故后的各种结局等方法，直观地让工人体会到不重视安全的后果，主动提高安全意识。

②加强技术培训、重视安全技术交底。在装配式建筑中出现的各类新技术、方法，可聘请经验丰富的专家对工人进行操作前的知识普及和培训。安全技术交底在施工过程中也往往因为工人早已熟练、熟悉而流于形式，在装配式建筑施工中需特别重视、交底到位。

③加强安全监督。除了完善各阶段的安全监督范围、细则外，安全监督工作不止于工作本身，而是要留下相应的安全监督检查记录，这样才能落到实处。

④严格执行持证上岗、杜绝防护不全人员施工，建立能够有效执行的、具有影响效果的奖惩措施。

（2）机械风险的控制。

在装配式建筑施工过程中会大量使用机械，施工中需对这些机械进行全过程的持续监控，确保其始终处于安全可靠的范围内，并留有相应记录。对机械的选择则需满足实际的使用需求而不能过分地考虑经济因素，在施工过程中则需对机械合理使用，不能超出其能力范围。

（3）材料风险的控制。

对施工中所涉及的各类材料物资，特别是装配式建筑中大量使用的预制件、吊装构件及临时支撑系统，在安装使用前要做好相应的检查工作并审批通过，确认安全可靠后才能进入下道工序。

（4）方法的控制。

在装配式建筑的施工中，除了编制完善的施工方案、按照规章制度施工外，其实新技术的应用也能起到很好的效果。上海市在推广装配式建筑的同时也在大力推广BIM的应用，通过施工模拟、碰撞等各项BIM技术点的应用可以很好地提前发现并消除装运、吊装就位等工作中的安全隐患，且对施工方案进行优化，规范施工方法，实现施工技术与信息化技术的结合。

（5）环境的控制。

在整个施工过程中形成一个良好的安全氛围是十分有必要的。通过各种宣传工作，把重视安全作为类似于企业文化的形式来推广。

6.6.4 施工现场及设备安全措施

（1）预制构件运输阶段施工安全措施。

预制混凝土剪力墙等构件的长度与宽度远大于厚度，正立放置时自身稳定性较差，因此应使用带侧向护栏或其他固定措施的专用运输架对其进行运输，以适应运输时道路及施工现场场地不平整、颠簸情况下构件不发生倾覆的要求。图6-7为预制构件运输架的一种形式。

德国普遍采用专用运输车对预制构件进行运输，通过如下措施保障构件的运输安全：

①先将预制构件置于运输架上。

②降低运输车后部拖车高度并倒车使运输架嵌入车内。

③拖车提升到正常高度。

④再通过智能机械手臂对构件提供侧向支撑，使得构件在运输过程中的稳定性与安全性

得到了保障，如图 6-8 所示：

图 6-7　预制构件运输架

图 6-8　预制构件专用运输车

（2）预制构件现场存放阶段施工安全措施。

预制构件批量运输到现场，尚未吊装前，应统一分类存放于专门设置的构件存放区，如图 6-9 和图 6-10 所示：

图 6-9　预制构件的正确存放方式（一）

图 6-10　预制构件的正确存放方式（二）

存放区位置的选定，应满足以下要求：

① 便于起重设备对构件的一次起吊就位，要尽量避免构件在现场的二次转运。

② 存放区的地面应平整、排水通畅，并具有足够的地基承载能力。

③ 预制构件应放置于专用存放架上以避免构件倾覆。

④ 应严禁工人非工作原因在存放区长时间逗留、休息。工人如图 6-10 所示在预制外墙板之间的间隙中休息，如遇扰动等原因引起墙板倾覆，易造成人体挤压伤害。

⑤ 严禁将预制构件以如图 6-11 所示的不稳定状态放置于边坡上。

⑥ 严禁采用如图 6-12 所示的未加任何侧向支撑的方式放置预制墙板、楼梯等构件。

图 6-11　预制构件的错误存放方式（一）

图 6-12　预制构件的错误存放方式（二）

（3）预制构件吊装阶段施工安全措施。

①起重设备能力的核算。

预制构件吊装是装配式建筑施工的关键环节，起重设备的选型、数量确定、规划布置是否合理则关系到整个工程的施工安全、质量与进度。应依据工程预制构件的形式、尺寸、所处楼层位置、质量、数量等分别汇总列表，作为所选择起重设备能力的核算依据。

②建立装配式建筑施工定时定量施工分析制度。

在制定装配式建筑施工分区与施工流水的基础上，施工单位应建立装配式建筑施工定时定量施工分析制度，通过将近期每日的详细施工计划，按照当日的时段、所使用的起重设备编号、所吊装的构件数量及编号、所需工人数量等信息通过定时定量分析表的形式列出，按表施工。如遇到施工变更，应及时对分析表进行调整。

通过建立装配式建筑施工定时定量施工分析制度，避免盲目施工、无序施工以及起重设备超载等不安全行为的发生。

③塔吊等起重设备的附着措施。

预制构件往往自重较大，因此对塔吊等起重设备的附着措施要求十分严格。建设单位与施工单位应于预制构件工厂生产阶段之前，将附墙杆件与结构连接点所处的位置向预制工厂交底，在构件预制过程中便将其连接螺栓预埋到位，以便施工阶段塔吊附着措施的精确安装。附墙杆件与结构的连接应采用竖向位移限制、水平向转动自由的铰接形式，如图6-13和图6-14所示：

图6-13　装配式施工塔吊附着措施　　　　　图6-14　附墙杆件与结构的铰接点

附墙措施的所有构件宜采用与塔吊型号一致的原厂设计加工的标准构件，并依照说明书进行安装。因特殊原因无法采用上述标准构件时，施工单位应提供非标附墙构件的设计方案、图纸、计算书，经施工单位审批合格后组织专家进行论证，论证合格后方可制造、安装、使用。

④预制构件专用吊架。

预制构件如采用传统的吊运建筑材料的方式起吊，可能会导致吊点破坏、构件开裂，严重的甚至会引发生产安全事故。应根据预制构件的外形、尺寸、质量，采用专用吊架（平衡梁）来配合吊装的开展。

图6-15所示为采用专用吊架对预制外墙、楼梯进行吊装的现场情况：

图 6-15 专用吊架吊装预制墙板与楼梯

图 6-16 所示为吊装预制楼板的专用吊架。采用专用吊架协助预制构件起吊，一方面构件在吊装工况下处于正常受力状态，另一方面工人安装操作方便、高效、安全。

图 6-16 预制楼板专用吊架

⑤ 其他吊装安全注意事项。

起吊较大吨位的预制构件时，构件起吊离地后应保持该状态约 10s 时间，其间观察起重设备、钢丝绳、吊点与构件的状态是否正常，无异常情况后再继续吊运；六级及以上大风天气应停止吊装作业，即便在日常天气下，其构件吊装过程中也应实时观察风力、风向对吊运中的构件的摆动影响，避免构件碰撞主体结构或其他临时设施。

（4）临时支撑体系施工安全措施。

① 预制剪力墙、柱的临时支撑体系。

预制剪力墙、柱在吊装就位、吊钩脱钩前，需设置工具式钢管斜撑等形式的临时支撑以维持构件自身稳定，如图 6-17、图 6-18 所示。斜撑与地面的夹角宜呈 45°～60°，上支撑点宜设置在不低于构件高度的 2/3 位置处；为避免高大剪力墙等构件底部发生面外滑动，还可以在构件下部再增设一道短斜撑。

图 6-17　预制剪力墙的临时支撑

图 6-18　预制柱的临时支撑

② 预制梁、楼板的临时支撑体系。

预制梁、楼板在吊装就位、吊钩脱钩前，根据后期受力状态与临时架设稳定性考虑，可设置工具式钢管立柱、盘扣式支撑架等形式的临时支撑，如图 6-19 和图 6-20 所示：

③ 临时支撑体系的拆除。

临时支撑体系的拆除应严格依照安全专项施工方案实施。对于预制剪力墙、柱的斜撑，在同层结构施工完毕、现浇段混凝土强度达到规定要求后方可拆除；对于预制梁、楼板的临时支撑体系，应根据同层及上层结构施工过程中的受力要求确定拆除时间，在相应结构层施工完毕、现浇段混凝土强度达到规定要求后方可拆除。

（5）脚手架工程施工安全措施。

工人在施工预制外墙时，外脚手架的设置能为其提供操作平台及有效安全防护措施。

如图 6-21 所示为某装配式项目施工所采用的外挂脚手架，架体由各单元组成；

图 6-19　预制梁的临时支撑

图 6-20　预制板的临时支撑

图 6-21　外挂脚手架类型（一）

如图 6-22 所示，其挂点事前安装于预制外墙上。首层外墙吊装施工完成后，通过起重设备将挂架各单元吊装置于挂点的槽口内，形成上层结构的施工操作平台及防护措施，随着施工的进行，挂架可逐步向上提升。该项目外挂脚手架值得改进的一点是，挂点的槽口较浅且未设置防脱落措施，如起重设备的钢丝绳、挂钩等因意外牵挂到挂架上，可能造成挂架脱落。

图 6-22　类型（一）的挂点设置

如图 6-23 所示为某装配式项目施工所采用的外挂脚手架，其架体由三角形钢牛腿、水平操作钢平台及立面钢防护网组成。在预制外墙吊装前，先通过预留孔穿过螺栓将三角形钢牛腿与外墙进行连接，将外挂脚手架与外墙固定，一并吊装就位。

图 6-23　外挂脚手架类型（二）

如图 6-24 所示，工人在该外挂脚手架上作业时，既方便又安全。

图 6-24　类型（二）的实用效果

（6）高处作业安全防护措施。

对于装配式框架结构尤其是钢框架结构的施工而言，工人个体高处作业的坠落隐患凸显。除了发放安全带、安全绳，加强防高坠安全教育培训、监管等措施外，还可通过设置安全母索和防坠安全平网的方式对高坠事故进行主动防御。

图 6-25 为在框架梁上设置安全母索能达到的防高坠效果示意，安全母索能为工人在高处作业提供可靠的系挂点，且便于移动性的操作。

（a）

（b）

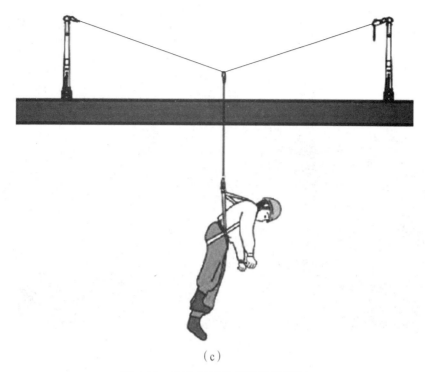

（c）

图 6-25　安全母索的使用效果示意

如图 6-26 所示为安全母索的一种设置形式，通过将底部带夹具的钢立柱夹紧钢梁的上翼缘，再系挂上水平安全母索。

图 6-26　安全母索设置方法

如图 6-27 所示为某装配式钢结构项目安全母索均设置到位后的现场情况。

图 6-27 安全母索的现场设置

如图 6-28 所示,通过在框架结构的钢梁翼缘设置专用夹具或在预制混凝土梁上预埋挂点,可将防坠安全平网简便地挂设在挂点具有防脱设计的挂钩上,可实现对梁上作业工人意外高坠的拦截保护作用。

图 6-28 防坠安全平网夹具

如图 6-29 所示为某钢结构项目防坠安全平网的现场设置情况。

图 6-29　防坠安全平网的现场设置

　　预制构件吊装就位后作业也往往属于高处作业。工人到构件顶部的摘钩采用在如图 6-30 所示的移动式升降平台上开展，既方便又安全。

图 6-30　移动式升降平台

　　当采用简易人字梯等工具进行登高摘钩作业时，应安排专人对梯子进行监护，如图 6-31 所示：

图 6-31　登高作业监护

还可以采用如图 6-32 所示的半自动脱钩装置，有效减少人工摘钩的工作量。

图 6-32　半自动脱钩装置

（7）现场工人安全培训。

传统的整体现浇建筑施工中的工人，显然已难以适应装配式建筑施工的要求，因此对工人开展相关的技术技能、安全培训教育是十分必要的。根据国内开展装配式建筑施工先行城市的实践来看，工人培训工作主要还是由施工企业自身在组织进行。

如图 6-33 所示，某施工企业在为工人开展技术技能、安全等培训后，组织进行了理论、实作考试，并对考试合格的工人颁发了上岗证。

图 6-33　某企业对工人开展装配式施工培训、理论考试、实作考试的情况

实训 6

1. 装配式混凝土结构与传统现浇结构的不同点有哪些？

2. 装配式混凝土结构施工现场平面布置特点是什么？

3. 装配式混凝土结构施工运输机械及吊装机械特点是什么？

4. 目前我国建筑行业人员情况怎样？

5. 装配式混凝土结构预制构件码放有什么要求？

6. 装配式混凝土结构预制构件运输过程安全如何控制？

7. 装配式混凝土结构施工项目的质量比一般工业产品的质量更难以控制，主要表现在哪些方面？

8. 影响装配式建筑安全管理的因素有哪些？有哪些安全风险管理措施？

9. 装配式混凝土结构预制构件吊装阶段有哪些施工安全措施？

10. 装配式混凝土结构高空作业有哪些安全防护措施？

7 钢结构与轻钢结构施工项目管理

高层和大跨度建筑越来越受欢迎。而钢结构由于强度高、自身质量轻、施工周期短等优点，成为高层、大跨度的优选结构形式。目前，世界上最高、最大的结构采用的都是钢结构。轻钢结构建筑已被广泛应用于仓库、厂房、展览馆、体育馆等低层建筑，轻钢结构一般在工厂进行加工制作，在现场拼装完成，自身质量轻，建设周期短。

施工方是工程实施的重要参与方，不仅要先行了解工程规模、特点、技术要求和建设期限，调查并且分析工程所在地的自然环境以及技术条件，在此基础上再编制该工程的钢结构和轻钢结构施工组织设计，更需要选定优秀的施工方案，安排合理施工顺序，采用先进技术，充分利用机械设备，做好人力、物力和财力的综合平衡，努力提高劳动效率，组织现场文明施工，以求在确保工程质量的前提下，缩短工期，节约材料，降低成本，满足使用功能要求，以获得较好的投资效益和社会效益。

7.1 构件及材料管理

7.1.1 钢 材

钢材是钢结构和轻钢结构的主要材料，其质量控制要抓住钢材订货的技术指标和钢材的复验两个环节。

钢材的技术性能包括力学性能和工艺性能。力学性能要满足结构的功能，包括强度、Z向性能、疲劳等；工艺性能要满足加工的要求，包括冲击韧性、热处理、可焊性等。我们须根据钢材的技术指标来组织订货。

钢材的复验是指钢材到了加工厂，在加工之前进行复验。复验应注意以下几方面内容：

第一是检验批的确定，钢材应成批验收，每批由同一牌号、同一炉罐号、同一质量等级、同一品种、同一尺寸、同一交货状态的钢材组成。检验批的确定与国家钢材的加工水平和经济实力密切相关，也跟具体的工程实际相关。如中央电视台新址工程的检验批的确定如下：

当钢材为 Q235、Q345 且板厚小于 40 mm 时，对每个钢厂首批同一牌号、不同规格的材料组成检验批，按 150 t 为一批，首批合格后则扩大到 400 t 为一批。当钢材为 Q235、Q345 且板厚大于或等于 40 mm 时，对每个钢厂首批同一牌号、不同规格的材料组成检验批，按 60 t 为一批，首批合格后则扩大到 200 t 为一批。当钢材为 Q390D、Q345GJC 和 A572 Gr50 钢材时，对每个钢厂首批同一牌号、不同规格的材料组成检验批，按 60 t 为一批，首批合格后则扩大到 200 t 为一批。

第二是复验内容及试验结果评定标准应按照如下标准执行：《碳素结构钢》（GB/T 700—

2006）、《低合金高强度结构钢》（GB/T 1591—2018）、《厚度方向性能钢板》（GB/T 5313—2010）、《高层建筑结构用钢板》（YB 4104—2000）等。复验内容主要包括化学成分分析和力学性能试验两部分。力学性能试验包括拉伸试验、夏比缺口冲击试验、弯曲试验几部分。

第三是复验取样位置及复验试样的加工方法和试验标准，应按照以下标准实行：

《钢及钢产品 力学性能试验取样位置及试样制备》（GB/T 2975—2018）；

《钢的成品化学成分允许偏差》（GB/T 222—2006）；

《钢铁及合金化学分析方法》（GB/T 223）；

《金属材料 拉伸试验》（GB/T 228—2010）；

《金属材料 弯曲试验方法》（GB/T 232—2010）；

《金属材料 夏比摆锤冲击试验方法》（GB/T 229—2007）。

尽管有以上种种检验措施，但并不是所有的缺陷都能探测到，这些缺陷在结构受力后将产生裂纹。避免上述问题的措施是慎重选择钢材生产厂家，尽量选用设备先进、工艺领先、经验丰富的大厂。

7.1.2　焊　材

焊接材料包括焊条、焊丝、焊机等，其质量控制要点如下：

（1）焊材生产厂的选择：焊材生产厂的选择按 ISO9001 系列供方规定《分供方评定程序》选择并根据质量情况确定。

（2）焊材的选择：依据设计图纸提供的构件材料由主管工程师选择相匹配的焊材，并对首批采用的焊材按国家标准进行复验及工艺性评定。合格后将复验报告及评定结果报项目监理批准后使用。

（3）焊材的管理。

① 焊材入厂时必须有齐全的质量证件及完整的包装。

② 按国家标准进行理化复验及工艺性评定。复验及工艺评定由具有相应资格的人员进行，复验范围为首次采用的首批焊材及合同规定的复验范围；当对焊材质量有异议时也需进行复验。

③ 焊材入库：复验结果与国家标准、制造厂的质量证件相符合后才可按《物资管理程序》入库。

④ 焊材保管及出库：焊材库的设置要按规范配备齐全通风干燥等设施并设驻库检查及保管员，焊材出库要严格履行出库程序。

7.1.3　钢构件现场管理

现场钢构件的堆放以不使构件受到损伤和尽量避免二次搬运为原则，具体堆放视现实场地的大小和作业现场条件而定。为了便于安装，构件的摆放应选择平整路面，应靠近安装位置，并在起重机吊臂范围之内，保证起重机垂直运输。若起重机运作半径为 34 m，构件摆放位置如图 7-1 所示。

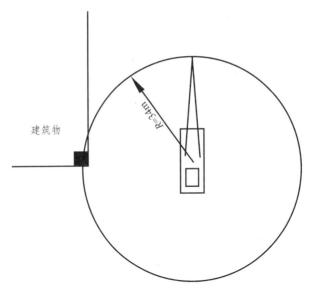

图 7-1　构件摆放位置示意

搬运和减少损伤，构件与地面之间要用木方垫起来且有一定坡度以利于排水，且每批材料之间加木方的原则是通用的。构件堆放要保证有良好的通风条件，在阴雨天要用彩条布覆盖以避免遭雨淋，以免被上面的积水造成微型的腐蚀，失去其应有的结构强度及外型效果。

7.2　吊装机具管理

在钢结构和轻钢结构吊装中，吊装机具主要有塔式起重机、白棕绳、钢丝绳等。

白棕绳是用于起吊轻型构件和作用受力不大的缆风、溜绳等。白棕绳由植物纤维搓成线，线绕成股，再股拧成绳。钢丝绳是吊装中的主要绳索，具有强度高、韧性好、耐磨性好等优点，在磨损后外部产生许多毛刺，容易检查，便于预防事故，可用于各种起重机中。

白棕绳和钢丝绳的种类、直径和根数应考虑钢构件的质量、钢构件与钢丝绳的摩擦力、风荷载等等进行选择。破断拉力是指在试验中把绳拉断所需要的力。允许拉力是指绳索在实际工作中允许承受的力。

如钢构件总质量约为 40 t，则允许拉力为 400 kN，4 股吊装，则每根钢丝绳允许拉力[P]为 100 kN，根据吊点的要求和考虑安全性，将采用 4 根直径为 36 mm 的钢丝绳。计算如下：

钢丝绳的破断拉力：$P_破=0.5d^2$（kN）

式中：d 为钢丝绳的直径（mm）。

单根钢丝绳容许应力：$[P]=P_破/K$

式中：K 为安全系数，机械设备可取 6。

则钢丝绳的直径 $d=\sqrt{100\times6/0.5}$ mm = 34.64 mm。

4 根直径为 36 的钢丝绳满足要求。

钢丝绳是钢结构和轻钢结构吊装过程中重要的工具。精确地计算构件质量，合理选择相应的钢丝绳是钢结构和轻钢结构吊装顺利进行的可靠保障。

塔式起重机的选型和布置在钢结构吊装中是非常重要的，应注意以下几点：

（1）必须覆盖所有的施工作业区，尽可能不出现盲区，并且应满足不同阶段的使用。同时要考虑构件运进施工现场以后的卸车路线、卸车点、堆放场地、起吊场地的吊装覆盖范围。一方面要考虑塔式起重机的臂长，另一方面还要考虑塔式起重机的起重性能。

（2）根据构件分段的要求，确定所选塔式起重机的起重性能。构件的分段和起重机的起重性能是相互关联的矛盾体，构件的分段一方面要考虑塔式起重机的起重性能，另一方面还要考虑构件工厂加工分段的合理性，同时尽量减少在施工现场的焊接工作量，满足结构要求等，而塔式起重机的起重性能则要依据构件的质量和起吊半径来确定。最终必须确保在构件的分段和塔式起重机性能之间达到一种最优的平衡。

（3）根据工程特点，确定塔式起重机的固定方式。对于高层建筑结构，塔式起重机多采用爬升式，即塔式起重机附着在高层建筑的核心筒内部，随着建筑的升高而不断升高。附着式在多层建筑和低层建筑中应用较多，附着在建筑物的外部。

（4）在施工现场使用的塔式起重机一般较多，必须考虑各塔式起重机之间的协同作业。一方面是安全的要求，各塔式起重机之间的工作范围常常有重合的地方，绝不能发生碰撞，否则造成的后果是灾难性的，应通过对塔吊臂的限位措施来实现。另一方面需要各塔式起重机之间协同作业，共同完成起吊作业，比如抬吊。

（5）应提前考虑塔式起重机的拆除方案。特别是在高层建筑的施工中，工程中一般采用小塔拆大塔，再安一台更小的塔来拆小塔，直到最小的吊具可以通过电梯拆卸下来。工程中会对每个工程项目的具体情况制订塔式起重机的拆除方案。塔式起重机的安装和拆除属于特种作业，必须有相应资质的单位才能够承担塔式起重机的安装和拆除作业。塔式起重机安装好后，必须请技术监督部门审查备案批准后，方可投入使用。

（6）确定塔式起重机的维护方案。维护塔式起重机是钢结构和轻钢结构安装过程中的头等大事，因塔式起重机的使用贯穿整个安装过程，是安装工作的生命线。在工程实际中，塔式起重机的使用总会发生各类故障，甚至发生断裂、倾覆的事故。在安装工程开始时，就应编制塔式起重机的维护方案，并在施工过程中严格加以实施，确保塔式起重机在整个安装过程中正常使用。

7.3 施工质量管理

钢结构和轻钢结构的质量管理的影响因素很多，主要包括以下几个方面：第一是人的因素，不仅包括焊工、起重工等操作工人，也包括与工程有关的管理人员；第二是材料因素，包括钢材、焊接材料、高强度螺栓等，其中钢材的质量对工程的质量有决定性影响；第三是施工机械的因素，塔式起重机对钢结构的安装至关重要；第四是施工的方法和工艺，比如钢结构的加工方案、钢结构的安装方案等。另外，环境也影响着施工质量。

施工质量管理的方法是建立质量管理体系。工程参建各方都应建立专门的质量管理机构，配备质量管理人员，建立质量管理制度，对工程质量进行全面的管理。施工质量管理目前实行的是监理制，建设单位要充分发挥监理对工程质量的管理作用，调动监理的积极性。

钢结构和轻钢结构的施工质量主要从施工准备阶段、施工阶段（钢结构加工、钢结构吊装）、竣工验收阶段进行控制。

7.3.1　施工准备阶段质量控制

（1）操作人员的质量控制。

钢结构施工操作人员主要有焊工、起重工、电工、架子工、测量工等，都必须持证上岗。

焊工是钢结构行业最重要的工种，焊工培训由企业及相关行业系统的焊接培训机构承担，特点是培训及资格证书不统一、不规范，且种类繁多，互不认可。因此焊工证书只能说明持证人具备一定的焊接技能，不能说明其能胜任某项焊接工作。另外，每项工程都有其自身特点，需要特殊的焊接技艺，对于特定工程，对持证焊工还需进行附加考试。鸟巢工程和中央电视台新址工程都组织了附加的焊工考试，颁发了针对该项工程的合格证书，这对保证焊接质量非常重要。

（2）技术准备。

在钢构件加工之前，应按照施工图纸的要求及《钢结构焊接规范》（GB 50661—2011）的要求编制各类施工工艺，并进行焊接工艺评定；建筑钢结构和轻钢结构用钢材和焊接材料的选用应符合设计图纸要求，并有质量证明书及检验报告；当采用其他材料代替设计材料时，须经原设计单位的认可。

钢材的化学成分、力学性能复验应符合现行国家有关工程验收标准的规定；主要焊缝采用的填充材料也应按生产批号进行复验，复验应由国家技术质量监督部门认可的质量监督检测机构进行。焊接材料应符合《非合金钢及细晶粒钢焊条》（GB/T 5117—2012）、《热强钢焊条》（GB/T 5118—2012）的规定。焊条、焊丝、焊机和药芯焊丝在使用前，必须按产品说明书及有关规定进行烘干，受潮的焊条不应使用。

7.3.2　施工阶段质量控制

（1）钢结构和轻钢结构构件预制阶段。

钢结构和轻钢结构构件需严格按照设计要求预制，要检查所使用材料尺寸和质量，以及钢材在焊接后和矫正后的质量，并对构件的除锈处理质量进行检查等。钢结构的质量控制包括制订钢结构加工方案、钢结构加工的过程质量控制、钢结构构件的质量验收工作。

① 钢结构加工方案。

钢结构加工方案应包括以下内容：项目管理组织和劳动及计划、加工进度计划及工期保证措施、钢结构加工工艺制作总则及特殊构件的制作工艺、质量保证体系及保证措施等。其中最重要的是加工工艺制作总则及特殊构件的制作工艺，必须明确构件的加工工艺流程，并针对流程中的各个环节，包括构件排板下料切割、零件矫平矫直、零件组拼固定、焊前预热、焊接、焊后保温、焊接变形矫正、应力消除、除锈、涂装等，编制项目的工艺方法和技术措施。

钢结构制作工艺流程图如图 7-2 所示。

比如厚板焊接 H 型钢的制作工艺：放样、画线与号料、下料切割、厚板 H 型钢焊接反变形设置、H 型钢的拼装组立焊接。

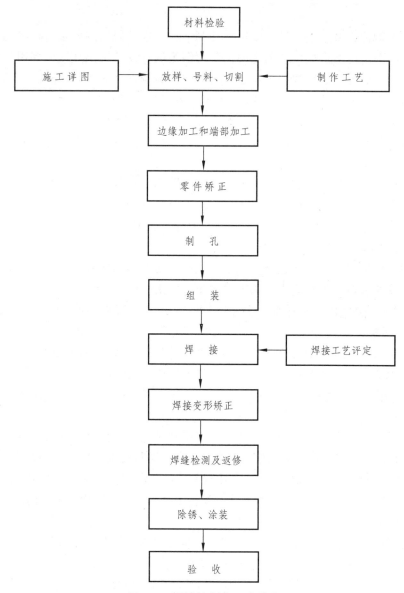

图 7-2　钢结构制作工艺流程

② 钢结构加工的过程质量控制。

构件的加工应严格按照既定的加工工艺来执行，严格控制各个环节的加工质量。钢构件加工各个环节的质量控制点说明如下：

A. 放样、号料及切割。

放样是钢结构制作中的第一道工序，至关重要。所谓放样是指核对图纸的尺寸，以 1:1 的比例在样板台上弹出大样，然后制作样板和样杆，作为号料、弯制、铣、刨、制孔等加工的依据。样板可采用铁皮或塑料板制作，样杆可采用钢皮或扁铁制作，当长度较短时可采用木尺杆。样板、样杆上应标明工号、图号、零件号、数量及加工边、坡口部位、弯折线和弯折方向、孔径和滚圆半径等。

号料也称为画线，是利用样板、样杆或图纸，在板料及型钢上画出孔的位置和零件形状的加工线。

切割即根据钢板或型材上的加工线进行切割下料。常用的切割方法有机械切割、气割、等离子切割。一般情况下，机械切割主要用于薄钢板的直线型切割，气割多用于带曲线的零件和厚钢板切割，而等离子切割则多用于不易氧化的不锈钢材料即有色金属的切割。其中，气割在钢结构制作中应用最为广泛。另外，数控切割是一种新型的电子计算机控制切割技术，可省去放样、画线等工序直接切割，在大型的钢结构中大量使用。

对于放样、号料和切割应注意：放样应采用计算机进行放样，以保证所有尺寸的绝对正确。钢材如有较大弯曲、凹凸不平等问题时，应先进行矫正后再号料。号料时，要根据锯、割等不同切割要求和对刨、铣加工的零件，预放不同的切割及加工余量和焊接收缩量。构件的切割应优先采用数控、自动或半自动气割，以保证切割精度。切口截面不得有撕裂、裂纹、棱边、夹渣、分层等缺陷和大于 1 mm 的缺棱，并应去除毛刺。

B. 边缘加工和端部加工。

在钢结构构件加工中，需要边缘和端部加工的有吊车梁翼缘板、支座支撑面等图纸有要求的加工面；焊接坡口；尺寸要求严格的加劲板、隔板、腹板等。边缘加工的方法主要有铲边、刨边、铣边、碳弧气刨、气割和坡口机加工等。边缘和端部加工应满足规范容许偏差要求。

C. 零件矫平矫直。

钢板在切割的过程中由于切割边所受热量大，冷却速度快，在切割边缘会存在较大的收缩应力，同时钢板在加工的过程中也会存在焊缝不规则、构件不平直、尺寸误差大等缺陷。因此,钢构件在组装之前应采用矫正机对钢板进行矫正,使其平整度满足规范的要求 2 mm/m^2。

D. 组装。

组装工序是把制备完成的半成品和零件按图纸规定的运输单元装配成构件或部件。简单来说就是把零件装配起来进行临时固定，并对尺寸进行调整校准，为下一步焊接做好准备。组装的方法有立装、卧装、胎膜装配法等。其中最常用的是胎膜装配法，即将构件的零件用胎膜定位在其装配位置上的组装方法，这种方法装配精度高，适用于形状复杂的构件，可简化零件的定位工作、改善环境操作位置，有利于批量生产，可有效提高装配和焊接的生产效率和质量。

对于钢构件的组装，其质量控制应注意：拼装必须按工艺要求的次序进行，当有隐蔽焊缝时，必须先予施焊，经检验合格后方可覆盖；布置拼装胎具时，其定位必须考虑预放出焊接收缩量及齐头、加工的余量；为减小变形，尽量采用小件组焊、矫正后再大件组装；板材、型材的拼接应在组装前进行；构件的隐蔽部分应提前进行涂装。对于桁架的拼装，应予以重视，在第一次杆件组拼时要注意控制轴线交点，其允许偏差不得大于 3 mm，第一次组装完成后进行构件的焊接。一个桁架通常会分为多个构件以便于运输，在各个构件焊接完成后，还应将所有构件一起进行桁架的预拼装。对于变形超标的部位要予以调整，以保证桁架在现场能够顺利安装完成。

E. 焊接。

钢结构焊接前应进行焊接工艺的评定试验，并编制焊接工艺评定报告。焊接评定报告包括：焊接方法和焊接规范；焊接接头形式及尺寸、简图；母材的类别、组别、厚度范围、钢号及质量证明书；焊接位置；焊接材料的牌号、化学成分、直径及质量保证书；预热温度、层间温度；焊后热处理温度、保温时间；气体的种类及流量；电流种类及特性；技术措施；操作方法、喷嘴尺寸、清根方法、焊接层数等；焊接记录；各种试验报告；焊接工艺评定结论及适用范围。焊接工艺评定合格后应编制正式的焊接工艺评定报告和焊接工艺指导书，根据工艺指导书及图样的规定，编写焊接工艺，根据焊接工艺，进行焊接施工。

焊接质量控制应注意：施焊前应复查装配质量和焊区的处理情况；引弧应在焊道处，不得擦伤母材，焊接时的起落弧点距端部应大于 10 mm，弧坑应填满；多层焊接宜连续施焊；焊条、焊剂等在使用前应按相关要求进行烘干；常用的焊接方式有手工电弧焊、埋弧自动焊、二氧化碳气体保护焊、电渣焊等，各种焊接方式应严格控制其焊接工艺参数；厚板焊接时，施焊前应进行预热，焊后进行后热；在厚板的焊接过程中，须考虑防层状撕裂的措施。

F. 焊接变形矫正。

钢结构的矫正就是通过外力或加热作用，利用钢材的塑形、热胀冷缩的特性，以外力或内应力作用使钢材产生反变形，消除钢材的弯曲、翘曲、凹凸不平等缺陷，以使材料或构件达到平直及一定的几何形状要求，并符合技术标准的工艺方法。常用的矫正方法有机械矫正和火焰矫正，应根据工程特点灵活应用。

G. 消除焊接应力。

构件焊接时产生瞬时应力，焊接后产生残余应力和变形，这对构件承受动载条件、三向应力状态、低温环境下使用有不利影响。对于一些构件截面厚大、焊接节点复杂、拘束度大、钢材强度级别高、使用条件恶劣的重要结构要特别注意焊接应力的控制。减少焊接残余应力的措施有：尽量减少焊缝尺寸，避免局部加热循环而引起残余应力；减少焊接拘束度，拘束度越大，焊接应力越大，首先应尽量使焊缝在较小拘束度下焊接，如长构件需要拼接时，要尽量在自由状态下施焊，不要待到组装时再焊，并且应尽可能不用刚性固定的方法来控制变形；采取合理的焊接顺序，在焊缝较多的组装条件下，应根据现状和焊缝的布置，采取先焊收缩量较大的焊缝，后焊收缩量小的焊缝，先焊拘束度大而不能自由收缩的焊缝，后焊拘束度小而能收缩的焊缝；降低焊接刚度，创造自由收缩的条件。锤击法减少焊接应力：在每层焊道焊完之后立即用圆头敲渣小锤或电动锤击工具均匀敲击焊缝金属，使其产生塑形延伸变形，并抵消焊缝冷却后承受的局部拉应力。焊后残余应力的消除方法主要有整体退火消除应力法、局部退火消除应力法、振动法，以整体退火消除应力法的效果最好，同时可以改善金属组织的性能。

F. 焊缝的检测和焊缝的返修。

焊接完成后，应进行焊缝的检测，以检验焊缝的焊接质量。焊缝的检测分为外观检测和无损检测两项。经无损检测确定焊缝内部缺陷超标时，必须继续检修。返修前应编写返修方案，经相关部门批准后予以实施。

I. 除锈。

钢构件制作完成后，应进行除锈。除锈方法包括喷砂、抛丸、酸洗、砂轮打磨等几种方法。喷砂选用干燥的石英砂，粒径为 0.63 ~ 3.2 mm，除锈效果好，但对空气污染较为严重。抛丸采用钢丸或铁丸，除锈效果好，可反复使用 500 次以上，成本最低，使用最为广泛。酸洗是化学除锈，目前在钢结构工程中很少采用。砂轮打磨，包括钢丝刷除锈是手工除锈的方法。

J. 涂装。

在除锈完成后，应尽快进行防腐底漆的涂装。涂装前，应编制涂装方案及涂装工艺，并满足设计文件要求。当设计文件对涂层厚度无要求时，一般宜涂 4 ~ 5 遍。涂层干漆膜总厚度应达到以下要求：室外应为 0.15 mm，室内为 0.125 mm。漆膜的厚度应采用漆膜测厚仪来测量。

③ 钢结构构件的质量验收工作。

构件制作完成以后，必须经验收合格后才能包装发运，并形成完整的验收资料。构件的验收分为过程验收和成品验收两个阶段。在过程验收阶段中，进行加工尺寸的控制，进行焊缝的无损检测。在成品验收阶段，则对外形尺寸、外观质量等进行检查，主要包括以下几个方面：

A. 钢材切割面和剪切面应无裂纹、夹渣、分层或大于 1 mm 的缺棱；观察或用放大镜及百分尺检查，有疑义时做渗透、磁粉或超声波探伤检查。

B. 气割或机械剪切的零件，需进行边缘加工时，其刨削量不应小于 2 mm；检查工艺报告和施工记录。

C. 钢结构外形尺寸主控项目允许偏差应符合《钢结构工程施工质量验收规范》GB 50205 —2001 附表的规定；用钢尺检查。

D. 组装检查合格后，标注中心线、控制基准线等特殊位置；

E. 构件的制作单位在成品出厂时应提供钢结构出厂合格证书及技术文件，包括：

a. 施工图和设计变更文件；

b. 制作中对技术文件问题处理的协议文件；

c. 钢材、连接材料和涂装材料的质量证明书和试验报告；

d. 焊接工艺评定报告；

e. 高强度螺栓摩擦面抗滑移系数试验报告、焊缝无损检测报告及涂层检测报告；

f. 主要构件验收记录；

g. 预拼装记录；

h. 构件发运和包装清单。

构件验收合格后就可运输到施工现场进行安装。

（2）钢结构构件安装阶段。

钢结构的形式主要包括网架、桁架等。对于网架来说，主要分为螺栓球网架和焊接球网架两种形式。安装方法包括整体提升法、高空拼装法、分条分块法、高空滑移法等吊装方法。桁架的安装方法包括整体吊装法、顶升法、滑移法等。

钢结构的安装方法与安装工艺密切相关，在确定安装工艺之前，应对钢结构的安装方案进行全面的筹划，明确安装的步骤和程序。

在高层钢结构安装的过程中，各环节的质量控制点如下：

① 构件的进场验收。

为确保钢构件的安装质量，应对钢构件进场前进行预检。预检用的计量器具必须统一标准并进行计量检测，确保施工单位及加工单位的检验精度。构件的预检在钢结构加工厂质检部门检查的基础上，现场安装项目部要进厂对制造质量进行复检，复检合格后，方可出厂。不允许不合格构件进入安装现场，同时项目部根据现场安装进度要求及提供的构件清单监督制造部门是否按进度要求配套加工，避免由于加工构件不配套造成现场安装间断，影响安装工期和质量。预检项目包括钢材材质的成品质量证明书及复验报告，焊条、焊丝材质的成品质量证明书及复验报告，构件焊缝外观及超声波探伤报告，以及实际偏差等资料，对于关键的构件（如柱）必须全部检查，其他构件进行抽查，并记录预检的所有资料。构件外观检查包括：钢构件的几何尺寸，连接板零件的位置、角度，螺栓孔直径及位置，焊缝的坡口，节点的摩擦面，附件的数量及规格，等。

②吊装的准备工作。

在吊装之前，我们需要做好充足的准备，包括以下几个方面：一是在构件表面进行画线、安装吊耳、临时固定耳板、安装临时固定缆风绳等工作；二是根据安装临时支撑，在构件就位后予以拆除；三是对吊装机械进行检查，以保证运转良好，在吊装之前就位，必要时进行试吊；四是在吊装之前，应对安装工人进行全面的交底，确保施工人员领会安装意图，能够协同工作；五是明确现场吊装时的统一协调指挥机制和指挥方式，确保所有参与人员能够统一行动，按既定的安装方案来执行；六是吊装前，还应观测天气情况，如果风力大于 5 级或有雨雪天气，应停止吊装。

③构件的起吊就位。

吊装前，要对所有的准备工作进行检查，确定无误后开始起吊。起吊时，应注意起吊速度不能过快。构件定位后，可用缆风绳临时固定，缆风绳拉结在地锚上或已安装完的构件上。条件允许的话，也可在相应方向上设置临时支撑进行固定和校正。初步固定以后，构件就可以进行测量、调整，调整的方法是调节手拉葫芦，或采用千斤顶等辅助工具。构件调整到位后，若采用高强度螺栓连接，需将高强度螺栓按照一定的顺序进行终拧，若需要焊接，则可以开始焊接了。

④焊接的准备工作与焊接。

钢构件的焊接常采用二氧化碳气体保护焊。在焊接之前，应搭设焊接作业平台和防风防雨棚。同时检查焊前测量结果、坡口几何尺寸、焊机、焊接工具、安全防护、二氧化碳气路、防火措施是否满足要求。焊接前还应清理坡口，检查衬板、引弧板、熄弧板是否满足要求，并按规定进行焊前预热。焊接过程中应注意控制焊机电流、电压、焊道的清理、层间温度、气体流量、压力、纯度、送丝速度及稳定性、焊道宽度、焊接速度等，严格按照专项的焊接工艺指导书来实施。焊接完成后应按规定进行后热和保温。

对于不同构件，在焊接前应编制合理的焊接顺序。比如：箱形柱，应采用两名焊工同时对称等速焊接来控制施焊的层间温度，消除焊接过程中所产生的焊接内应力，避免裂纹的产生；工字柱，在焊接时由两名焊工对称焊接工字柱的翼缘，翼缘完工后再由其中一名焊工焊接腹板。

⑤焊缝的检测。

焊缝的质量是保证钢结构工程质量最重要的环节，必须建立完整的质量保证体系来保证钢结构的焊接质量。钢结构的焊缝质量等级分为一、二、三级。《钢结构设计标准》（GB 50017—2017）中规定，焊缝应根据结果的重要性、荷载特性、焊缝形式、工作环境以及应力状态等情况，按相应原则选用不同的等级。

焊接完成后，要对焊缝进行检测，包括表观检测和无损检测。焊缝的外观检查主要有：表面形状，包括焊缝表面不规则、弧坑处理情况、焊缝连接点、焊缝不规则的形状等；焊缝尺寸，包括对接焊缝的余高、宽度，角焊缝的焊脚尺寸等；焊缝表面缺陷，包括咬边、裂纹、焊瘤、弧坑气孔等。

对于外观检测，我们的方法是观察检测或使用放大镜、焊缝量规和钢尺检查，当存在疑义时，采用磁粉探伤或渗透探伤检查。磁粉探伤用于探测焊缝表面和近表面的缺陷。目前钢结构中，开始大量使用高强度低合金钢，高强度低合金钢在焊接后很长一段时间内，都有产生裂纹的可能性，强度越高，可能性越大，这种延迟裂纹对结构的危害很大。所以目前很多重要的钢结构都采用磁粉探伤检测来对钢结构焊缝的表面缺陷进行探测，而不仅仅是在对外观检测有疑义的时候。这种检测在工程招标技术规范中就应该明确。

对于焊缝的内部无损检测，《钢结构工程施工质量验收规范》（GB 50205—2001）中规定，设计要求全焊透的一、二级焊缝应采用超声波探伤进行内部缺陷的检验，超声波探伤不能对缺陷做出判断时，应采用射线探伤进行检验。

焊缝的检验程序是由施工单位进行自检，然后由业主聘请第三方进行抽检，并应出具具有 CMA 章的检验报告。

⑥ 临时耳板和吊耳的切除、打磨平整，表面除锈；涂刷防锈漆。

（3）轻钢结构构件安装阶段。

轻钢结构的安装是整个轻钢结构建筑施工的关键阶段，包括结构组装、吊装、调整、固定等环节。安装内容则包括了主构件的安装、次构件的安装以及围护结构的安装。

① 安装前的准备工作。

技术交底和培训：轻钢结构施工前，应组织操作员及相关人员对施工图纸、工序操作等进行技术交底，并对各工序的施工人员进行培训；对建筑材料和施工场地进行控制，钢构件进入施工现场需进行检验并合理堆放。

施工放线：施工放线是建筑施工的基础。在轻钢结构建筑中，建筑物的定位轴线、基础轴线及标高以及地脚螺栓位置的偏差是评估安装质量的重要指标。施工放线时首先要严格按照设计、图纸要求，和土建单位配合将建筑标高、轴线核实核准；在施工前还需要用经纬仪复核轴线，再用水准仪确定标高并在不易损坏的物体上做好文字标识，做好记录（俗称 "放大样"）；在放大样之后是放小样，也就是确定门式刚架的柱脚位置，主要是做好每个钢柱在基础混凝土上的连接面边线和纵横十字轴线的测量和标识。放小样时，要尽量避免刚架柱脚与螺栓的碰撞，保持柱脚面与混凝土平面的平行，减少螺栓可能的弯曲。在施工放线时一是要常复核，前一步工作没复查下一步工作就不能进行；二是要先整体、后碎部，不能让误差累积到整体数据里面；三是要熟练使用经纬仪、水平仪、墨斗、线坠等工具，需要他人配合测量时要多交代、多核查。

预埋螺栓：预埋螺栓之前，为了保证预埋螺栓的定位准确，需要用厚钢板制作定位模具。施工时首先需要对承台、梁、柱模板的轴线、标高以及稳固性进行检查并测量定位，设置轴线控制点，然后将螺栓用定位模具进行定位、电焊，特别注意要对螺栓支撑点加固焊接，焊接结束后将模板取出用作周转。进行混凝土浇筑前，用黄油以及塑料薄膜包住预埋螺栓的丝口，避免混凝土浇筑时对螺栓丝口造成损坏。在混凝土浇捣之前要对预埋螺栓的大小、长度、位置、标高等进行核对并固定好。另外，在进行混凝土浇捣时，要有专人负责监督，避免施工对预埋螺栓定位的影响。混凝土施工之后要用经纬仪、水准仪对轴线、标高进行复核并及时清理预埋螺丝上面的残留物，清理时小心不要损坏螺栓丝口。

② 主构件的安装。

钢柱和钢梁是轻钢结构建筑的主体构件，安装时一般采用吊装的方法。吊装钢柱的方法主要有滑行法、旋转法以及递送法。吊装时最重要的是要保证柱脚地板和基础间隙水平，先初校垂直度，然后用缆风绳或者千斤顶、调整杆等进行复校，保证安装到位。在安装钢梁时，先要对钢柱的标准间距与标高进行复核，并在吊装的过程中用经纬仪进行校正，有偏差要随时纠正。吊装之前在主钢梁上安装扶手杆或扶手绳，主梁吊装到位之后用安装的扶手杆或绳子固定好，以保证施工安全。无论是钢柱还是钢梁，在进行吊装前都要进行试吊并检查构件，在确保安全的情况下才能正式吊装。高强度螺栓是轻钢结构主构件的主要连接方式，安装前要认真检查螺栓质量，包括螺栓的型号、批次等要符合设计要求并清理好接头摩擦面。安装时要按自由穿入，禁止强行敲打、气割扩孔，然后用普通扳手进行初拧、终拧。对于大型节点，在初拧、终拧之间还要进行复拧，复拧的扭矩等于初拧的扭矩，保证结合板紧贴摩擦面，最后再使用扭矩扳手紧固，紧固要保证 100%达到扭矩值。在进行高强度螺栓的安装时，要对扭矩进行校正，不能出现欠拧、漏拧的现象；安装结束后的 1 h、24 h 之后还需要对扭矩进行检查，扭矩偏差要在合理范围之内。

③ 次构件的安装。

轻钢结构建筑的次构件主要指的是连系梁、支撑、拉杆、檩条等。檩条安装时一是要注意檩条的方向，第一排与第二排要相对，第二排以上则与屋脊方向一致；二是要注意檩条伸出的长度，结构线和轴线要有明显的区别；三是安装时注意螺栓孔的位置，避免影响屋面板的安装。

④ 围护结构的安装。

轻钢结构建筑的围护件主要指封闭件。封闭件包括屋面板、保温板、采光板、屋脊板以及内外墙板等，封闭件在安装前必须对轻钢结构屋面和檩条进行验收检查，并对进场材料进行检查，必须要符合设计要求和国家有关标准。封闭件安装时要注意接头的位置，连接件、密封件等不要错用。

7.3.3 竣工阶段质量控制

竣工验收阶段的质量控制是指各分部、分项工程都已全部完工后的质量控制。钢结构和轻钢结构的验收应在施工单位自检的基础上，按照检验批、分项工程、分部工程进行。对于建设单位来说，对工程的验收要参加到哪个层次，应慎重考虑。单位工程或子单位工程的验收肯定是要参加并签字的，检验批的验收由于工作量巨大肯定是不参加的，对于分部工程和分项工程，建设单位可根据自身特点考虑是否参加。

钢结构的验收依照《钢结构工程施工质量验收规范》（GB 50205—2001）、设计文件及有关验收标准进行。验收完成后，形成以下验收文件：

（1）钢结构工程竣工图纸及相关设计文件。

（2）施工现场质量管理检查记录。

（3）有关安全及功能检验和见证检测项目检查记录。

（4）有关质量检验项目检查记录。

（5）分部工程所含各分项工程质量验收记录。

（6）分项工程所含各检验批质量验收记录。

（7）强制性条文检验项目检查验收记录。

（8）隐蔽工程检验项目检查验收记录。

（9）原材料、成品质量合格证明文件、中文标志及性能检测报告。

（10）不合格项处理记录和验收记录。

（11）重大质量、技术问题实施方案及验收记录。

（12）其他有关文件及记录。

7.4 施工安全管理

钢结构和轻钢结构施工的安全管理，就是施工项目在施工过程中，组织安全生产的全部管理活动。钢结构和轻钢结构施工风险较大，主要体现在两方面：一是焊接作业多，焊接或切割作业时因焊接后熔渣掉落，防护不当而引发火灾，导致的后果极为惨重；二是吊装作业和高空作业多，人员或设备坠落导致生命和财产的损失。施工中应按照《建筑工程安全生产管理条例》要求，编制专项施工方案，进行专家论证，并严格按照施工方案进行。

7.4.1 施工安全管理组织措施

（1）建立专职的安全生产管理机构。

《建筑工程安全生产管理条例》明确了工程参建各方包括建设单位、设计单位、监理单位和施工单位的安全管理责任。施工单位是安全管理的主体，必须设置安全生产管理机构，配备专职的安全生产管理人员。

（2）编制安全生产的各项规章制度、安全管理流程。

安全生产管理流程可如图7-3所示：

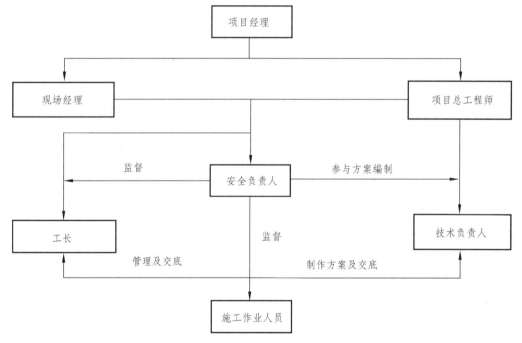

图7-3　安全生产管理流程

（3）安全生产管理文件的实施。

① 进行安全生产的教育和培训，应采取多种有效的方式将安全生产的规章制度、安全措施逐级贯彻到每一个人。

② 进行安全生产的检查和过程控制，施工单位和监理单位的安全管理人员应在生产过程中进行巡视检查，必要时进行旁观监控，发现问题及时纠正，确保安全生产的方案得到落实。

③ 在安全生产的过程中，形成安全生产记录。

7.4.2 施工安全管理技术措施

安全施工技术措施是在钢结构和轻钢结构施工中，针对工程特点、操作人员、施工现场环境、施工方法、作业使用的机械工具等制定的确保安全施工、保护环境、防止工伤事故和职业病危害，从技术上采取的措施。其主要内容如下：

（1）安全施工措施。

① 操作人员。

a. 进入施工现场须戴好安全帽，高空作业穿防滑鞋并系好安全带，安全带必须套在安全稳固的构筑物上或专门设置的安全保险绳中。

b. 使用扳手的扳口尺寸应和螺母的尺寸相符，高空使用的扳手和其他工具必须系好防坠绳。上下传递工具时，不许投抛，需用细绳绑好进行传递。

c. 电焊工高空工作时，必须系好安全带，潮湿地点作业时必须做好绝缘措施。焊接前应清除焊区的易燃、易爆物品。

d. 高空作业时，焊接电缆和氧、乙炔气带应绑在支架上，勿在身上拖动。

e. 进入施工现场，严禁吸烟，焊接人员应执行用火申请制度，焊接切割时有专人看火，并备用防火用具。

f. 禁止地面操作人员或与吊装无关的人员在吊装作业的下方停留，或随便通过，也不允许在起重机正在吊起重物的起重臂下停留或任意通过。

② 起重机械及索具。

a. 起重机械的选用：轻钢结构和钢结构施工对起重机械的选择要求极为重要，起重机械的选择必须事前根据工程最大吊装质量、现场存放构件的位置以及大臂覆盖的长度确定。

b. 工作前应严格按安全生产技术标准检查验收吊索具，吊索具的使用应符合工程吊装荷载要求。钢结构施工中对钢丝绳的要求较高，在吊装不同质量的构件时应使用不同型号的钢丝绳，坚决禁止使用小绳吊大物的情况发生，同时必须建立钢丝绳定期检查制度和每次吊装前的目测巡视检验制度。在定期检查时要注意对所检查的钢丝绳应做好标记，如第一次检查时对合格的钢丝绳用蓝色做标记，对第二次检查合格的钢丝绳做绿色标记等；对不合格的钢丝绳如散股、断股、露芯、出现毛刺超过安全范围等的钢丝绳，用红色做标记并必须强制报废，对报废的钢丝绳必须当场进行销毁，不得与合格的钢丝绳混在一起。

c. 吊装构件之前，应查明构件质量和就位高度是否在起重机性能的允许范围内，严禁违章作业。塔吊起吊重物离地面 500 mm 时应停止提升，检查物件的捆扎牢固情况和构件的平直情况，确认无误后，同时检查爬梯是否牢固或有扭曲变形，在确认一切正常的情况下方可继续吊升。

d. 工作时升钩或吊杆要稳，避免紧急刹车，起重物在高空时严禁调整刹车。

e. 起重司机工作时应精神集中，服从信号工的指挥，同时地面指挥与楼层定位信号指挥同塔司的信号交接应清晰，塔司在信号不明时不得进行起降、收钩、摆臂等吊装操作。停止作业时应关闭启动装置，吊钩不得悬挂物品。

③ 施工现场临时用电。

a. 钢结构和轻钢结构是良好的导电体，四周应接地良好，施工用的电源必须是胶皮电缆线，所有用电设备的拆除、现场维护与照明设置均由专业电工担任。

b. 现场使用的用电设备和手动电动工具，除做保护接零外，必须在设备负荷线的首段处设置漏电保护装置。

c. 每台用电设备应有各自的漏电保护开关，必须实行"一机一闸"制，严禁用同一个开关直接控制两台用电设备。

d. 焊接机械应放置在防雨和通风良好的地方，焊接现场不准堆放易燃、易爆物品。交流弧焊机变压器的一侧电源线长度应不大于 5 m，进线必须设置防护罩。

e. 防止触电。

④ 焊接设备和用具的空中转运与存放。

a. 焊接设备和用具应装在专门铁箱内提升到所在楼层上，搁置要稳固，摆放要整齐。分配电箱应设置在焊接设备的附件，便于操作，保证安全。

b. 气瓶应装在专门的铁笼中提升，笼顶用铁板封闭，以防坠落的物件砸坏仪表。存放时要保证安全距离。

⑤ 焊接作业安全措施。

a. 电气焊作业必须由培训合格的专业技术人员操作，并申请动火证，工作时要随身携带灭火器材，配备专门的看火人。

b. 焊接作业下方有孔洞时须设置接火盆，临边焊接时须设置防火布。作业面下方和周围不得堆放易燃物品。

c. 对于焊接作业必须加强巡查，一查是否有"焊工操作证"和"动火证"；二查"动火证"与用火地点、时间、看火人、作业对象是否相符；三查是否有接火措施；四查有无灭火工具；五查电气焊操作是否符合规范要求等。

⑥ 焊接成品保护。

a. 焊后不准砸钢筋接头，不准往刚焊完的钢材上浇水，低温操作应采取预热、缓冷措施。

b. 不准随意在焊缝母材上引弧。

c. 各种构件矫正好后方可施焊，不得随意移动垫铁和支撑，以防影响构件的垂直度。隐蔽部位的焊接接头，必须办理隐蔽验收手续，方可进行下一道工序。

d. 低温焊接不准立即清渣，应等焊缝降温后方可清渣。

（2）施工安全防护措施。

① 建筑物的安全防护设施。

a. 建筑物内部的水平防护应在所有洞口上均覆盖水平安全网。

b. 建筑物周围的立面防护应在建筑物周边设置钢管和密网围栏，高度为 1~1.2 m，上下设两道水平杆，围栏固定要牢固。

② 柱、梁安装时的安全防护措施。

a. 在钢柱吊前必须安装爬梯，以便于摘钩及安装钢梁时人员的上下。爬梯的安装一般应根据构件的高度确定，对超过 6 m 以上的钢柱（一柱 2 层以上的），要对爬梯进行绑扎固定。制作爬梯应选择螺纹钢筋，禁止使用圆筋。爬梯应在钢柱吊装前进行安装，安装时应对爬梯的横杆焊点以及爬梯每一步的焊点进行检查，防止焊口裂纹、脱焊导致使用过程中发生意外。

b. 在钢柱安装时须搭设脚手架操作平台，用于焊接作业。操作平台用钢管搭设，长宽各

2 m，双栏杆高 1.2 m，搭至柱顶，四周对称，与柱、梁紧固。次梁安装采用挂篮，由操作人员在作业前挂在主梁上。

c. 安全扶手绳子是指用作保证操作人员在主、次梁上进行作业、行走时用手抓靠的安全防护绳，是钢结构施工中保证作业人员安全的重要措施之一。钢柱与主梁连接处采用 ϕ 8 mm 钢丝绳作安全扶手绳子，次梁可采用 ϕ 10 mm 白棕绳作为安全绳，安全绳固定好后应在其绳子上每隔 2 m 的间距拴一道红色布带，作为显示标志，提示操作人员在作业过程中及时将安全带挂在扶手绳子上。钢丝安全绳子必须牢固地绑在梁端柱子上，施工人员在钢梁上行走时，必须将自身的安全带套在扶手绳子上，以防坠落。安全绳子一般应在钢柱吊装与稳定钢柱安装缆风绳的同时将其安装好，安全绳子绑扎的高度一般应在 1.2～1.5 m，便于作业人员挂安全带，同时在操作人员于钢梁上行走时作为安全扶手绳子使用。安全绳子的固定必须使用与钢丝绳同一型号的 U 型卡子进行固定。

d. 为确保操作者在上下钢柱时的人身安全，每根钢柱安装时都配备了防坠器。人员上下时，将安全带挂在防坠器的挂钩上，避免发生坠落事故。

e. 将全部手动工具，轻型电工工具加设不同形式的防坠绳和挂钩，防止工具坠落而伤人。

f. 在钢框架结构的施工中，还可设置安全母索和防坠安全平网对高坠事故进行防御。安全母索能为工人在高处作业提供可靠的系挂点，且便于移动性的操作。

g. 钢柱安装安全措施：

安装钢柱前应将钢柱上端缆风绳固定好，钢柱就位后将缆风绳与地脚预埋板固定，紧固地脚螺栓。4 根钢柱安装完后再安装相应位置的钢梁，形成固定节点。以此固定节点为中心，向四周逐跨安装钢柱、钢梁。钢柱焊接时在焊缝下 1 m 处搭设水平平台供焊工焊接操作时使用。钢梁安装完毕后设安全绳供人员行走时挂安全带。紧固高强度螺栓时，在钢柱牛腿和钢梁连接处设吊篮，施工人员在吊篮里进行高强度螺栓连接和焊接操作。施工人员应随身佩带防坠器，人员在上下钢柱时防止坠落。高空作业时使用的所有工具都必须拴安全绳子，施工人员操作时安全带必须挂在安全绳子上与钢梁连接，防止发生高空坠落。

（3）现场消防措施。

a. 认真贯彻《中华人民共和国消防法》，坚持预防为主、防消结合的消防意识教育。

b. 施工现场设专人负责防火工作，配备消防器材和消防设备，做到经常检查，发现隐患及时上报处理。

c. 现场施工作业时，设备、材料堆放不得占用或堵塞消防通道。

d. 严格执行现场用火制度，电气焊用火前必须办理用火证，并设专人看火，配备消防器材。

e. 电、气焊作业前，应清除作业范围内易燃、易爆物品或采取有效隔离措施。

f. 氧气、乙炔瓶严禁放在动火地点下方，并有效遮盖，夏季不得暴晒。严禁用明火检查漏气情况。乙炔器与氧气瓶的间距应大于 5 m，与明火操作距离应大于 10 m，不得放在高压线下。

g. 电焊机不得接在建筑物、机械设备及金属架上，不得使用无柄的焊、割工具。遇 5 级以上大风应停止室外电气焊作业。电气焊作业完毕应关闭电源、气源，并检查确认操作区域内无火险隐患。

h. 施工中消防器材、管道与其他工程发生冲突时，施工人员不得擅自处理，须及时请示上级，经批准后方可更改。

i. 仓库、现场配备足够消防器材，不准无关人员入库，不准吸烟。

j. 不准任意私拉电线，现场施工设备的拆除、照明灯光的设置以及线路的维护均由专业电工实施，其他无证人员不得操作。

k. 现场消防器材，非火警不得动用。

l. 施工人员严格执行现场消防制度以及上级有关规定。

（4）雨期、夜间施工措施。

① 雨期施工措施。

a. 在中到大雨天气，钢构件吊装不安排作业。小雨天气，视具体情况安排吊装。吊装时穿好防滑鞋，系好安全带。

b. 在中到大雨的情况下，现场不进行高强度螺栓连接的施工。小雨天气，在进行钢梁连接时，可采用大号雨伞配专用卡环进行挡雨；H 型钢柱腹板连接时，可采用彩条布或塑料薄膜搭设防雨棚。

c. 在中到大雨的情况下，现场不进行焊接施工。小雨天气，可采用彩条布或塑料薄膜搭设防风、防雨棚。

d. 雨期施工应保证施工人员防雨具的需要，注意施工用电防护。降雨时，除特殊情况及特殊部位外，应停止高空作业，并将高空作业人员撤到安全地带，拉倒电闸。

e. 雨期施工应注意防止材料被雨淋或受潮，室内仓库的地面应设防潮层。

f. 做好场地周围防洪排水设施，疏通现场的排水沟渠。

g. 做好安全防护，雨后必须检查供电网路，防漏电、触电。电箱和焊接设备底部用木方垫高，垫高顶部要有防雨水措施，雨天应停止露天焊接作业。

h. 各上人的马道必须绑扎防滑木头。

② 夜间施工措施。

a. 夜间施工应尽量安排在地形平坦、施工干扰较少和运输道路畅通的地段。

b. 夜间施工时，施工区域内必须具有良好的照明。

c. 夜间不宜进行钢柱垂直的矫正。

7.4.3 钢结构施工安全防护措施示例

工程概况：某公司年产 9 万吨高性能专用发动机精铸毛坯件项目。结构类型为门式刚架钢结构，局部为钢框排架结构，辅助生产生活用房为钢筋混凝土结构。建筑面积为 8 万平方米，建筑层数为一层，局部辅助用房为两层。本工程主体结构由 5 个可独立使用生产车间组成，分别为熔化工部，大件 3、4 制芯砂处理工部和大件清理工部 3、4 五部分，呈 U 形对称布置，中间为天井。平面轴线长度为 330 m 左右，柱间距为 6 m。宽度方向为 180 m，屋面体系采用单屋脊双坡的形式，屋面坡度为 5%，屋面设有顺坡通风排烟天窗。

具体防护措施如下：

（1）人员及材料进场。

人员进场未施工前对工人进行三级安全教育以及整个施工过程中进行视频教育、培训教育考试、项目安全技术交底、签订《安全协议》、组织召开安全教育会议，做好会议纪要并附签到表及教育照片，确保培训教育合格后，正式上岗；未接受安全教育的人员严禁进入施工作业区域。材料进入施工现场后，将构件摆放在不阻碍车辆交通的位置，材料堆放时注意摆放整齐，摆放时用方木垫起，防止被雨淋和阳光暴晒。

（2）卸车及钢柱吊装。

卸车时先观察车上的构件是否稳固，避免构件刚解开缆车绳就发生滑擦现象，施工人员严禁解构件车缆车绳，落实吊车吨位，在吊装前必须经过验收合格才能使用。吊装构件使用的钢丝绳必须合格，确保无起刺、断股现象，吊装现场支腿支护选择结实的地面并用垫木垫稳固，吊装前做好安全准备工作（绳索、卡具、吊环的检查由信号工负责），吊装时使用护角做好安全防护，构件落地后摆放稳固避免倾斜。钢柱吊装前在柱顶拴好缆风绳（缆风绳严禁搭接使用，根据构件的高度及质量配备缆风绳），要求缆风绳与构件的接触点用软管做好防护，地锚必须埋地 80 cm 以上并在上端拴好 8#钢丝绳作为与缆风绳连接点，吊装后缆风绳必须拉紧，防止构件歪倒倾斜。

（3）钢梁拼装。

拼装前做好拼装、吊车、信号工的安全技术交底，检查所有吊具、绳索是否合格，发现有裂缝、断丝现象的立即更换，所有施工人员必须佩戴好安全帽，统一听从信号工指挥，严禁违章指挥、违章作业，拼装好的构件需摆放稳固。

（4）钢梁吊装。

吊装前对施工人员、信号工、吊车司机做好钢梁吊装的安全技术交底工作，检查所有吊具、绳索是否合格，发现存在安全隐患的及时更换。所有施工人员必须佩戴好安全帽，统一听从信号工指挥，严禁违章指挥、违章作业。吊装作业应划定危险区域，挂设明显安全标志，并将吊装作业区封闭，设专人加强安全警戒，防止其他人员进入吊装危险区。吊装时吊车严禁停火，吊装时若遇 5 级（含 5 级）以上大风严禁高空施工。吊装作业高空施工人员将安全带挂设在已经固定牢固的构件上，人员严禁在钢梁上站立行走。吊装钢梁用的扳钩在往下扔的时候必须由信号工将地面人员进行疏散，确保构件的垂直下方无人，方可放下。钢梁安装的螺栓安装需达到规定扭矩。

（5）墙面檩条安装。

安装前对施工人员进行专项安全技术交底，加强高空作业人员的安全培训，2 m 以上（包括 2 m）属于高空作业。作业人员必须正规佩戴安全带，将安全带挂设在安全绳上。地面上料人员严禁站立在上料构件的垂直下方。檩条安装上固定螺丝后，方能解开绳子，防止构件滑落砸伤人，高空人员安装檩条使用的工具及螺丝等放在身上携带的电工包内，檩条螺丝安装应达到规定的扭矩。工人上下柱子要通过专用上下通道。檩条安装前拉设安全绳纵向 2 道，每 8 根柱子设一道，每道长度为 50 m；竖向安全绳 2~4 道，施工人员安全带挂设在安全绳上，绳长限制在 1.5~2 m。安全带必须进行全面的抽检，以 100 kg 质量做自由坠落试验，若不破坏，则该批安全带可继续使用。

（6）墙面拉条、撑杆、系杆安装。

墙面檩条安装完后要及时安装撑杆拉条，增加钢结构整体的稳固性，对施工人员进行专项安全技术交底，着重加强高空作业人员的安全教育。高空作业人员安全带挂钩必须绕过檩条挂在安全带上。安装拉条撑杆、系杆时禁止交叉作用，防止构件坠落造成下方人员伤害。上料时地面人员严禁站立在构件的垂直下方，工人上下柱子要通过专用上下通道，下设专人扶梯。（上下通道采用钢管进行搭设，四周搭设安全网，设有上下安全跑道。）

（7）行车梁吊装。

吊装前做好吊装、吊车的安全技术交底，检查所有吊具、绳索是否合格，发现存在安全隐患的要立即更换。高空作业人员必须挂好安全带，吊装时禁止用活动板钩吊装，必须用两个吊环卡从行车梁交叉对立两侧卡在螺栓孔内进行吊装，用大绳拴在行车梁的两端。在吊装时控制行车梁的平衡。吊装时信号工在现场指挥坚守"十不吊"，行车梁吊装后要用螺栓紧固。

（8）柱间支撑吊装。

吊装前，对吊车司机、信号工、柱间支撑安装人员进行专项安全技术交底。登高作业人员要穿防滑鞋，戴好安全帽、安全带，安全带绕圈挂设在已经固定牢固的檩条上，施工人员严格按方案和交底施工。登高作业人员必须配备专用的工具袋，用于装工具和螺栓。信号工必须穿安全警示服装，正确指挥，不得违章作业，吊装前检查绳索、指挥等是否合格。工人上下柱子要通过专用竹梯，下设专人扶梯。

（9）屋面檩条安装。

钢梁吊装后要进行屋面檩条的安装，安装前，对所有屋面檩条安装人员进行专项安全技术交底，检查吊装用滑轮、绳子是否合格，发现安全隐患立即停止施工进行更换。屋面檩条安装人员要戴好安全帽、安全带，安全带挂钩挂在已经安装好的檩条上绕一圈将挂钩挂好，配备专用的工具袋，将上螺栓用的工具和螺栓统一装在工具袋内。下方拉檩条人员严禁站在吊装檩条下方，禁止交叉作业，檩条未上螺栓以前拉绳人员不得松绳。

（10）屋面拉条、撑杆安装。

屋面檩条安装完后要随后安装拉条撑杆，增加整体紧固性。安装前，做好专项安全技术交底。安装拉条时，要把拉条两端绑扎牢固，用滑轮运输到屋面工作人员手中。高空作业人员在檩条上横放竹梯子，人员坐在竹梯子上并将安全带挂设在固定牢固的构件上。穿拉条时先把一端拧上螺栓，安装完后用扳手紧固。施工人员下方拉设安全绳，所有屋面作业人员安全带挂设在安全生命绳上。

（11）天沟吊装。

吊装前，对施工人员、特殊工种进行安全技术交底。施工人员要严格按照方案及交底施工，不得违章作业。高空作业人员必须穿防滑鞋，戴安全帽、安全带，将安全带挂钩挂在屋面檩条上。吊装前信号工检查汽车吊绳索、卡环是否合格，不合格的严禁使用，并配备专用工具袋。

（12）墙面板安装。

对施工人员进行手持电动工具、墙面板安装安全技术交底。手持电工具在使用前检查外壳、手柄、插头、开关、漏电保护、防护罩接零保护是否有效，确认完好方可使用。操作时握持要戴绝缘手套，穿绝缘鞋，用力均匀，不得用劲过猛，防止扭伤手臂。

①使用基本绝缘安全用具操作，携带试电笔，严禁使用无绝缘的金属工具（锯、锉、钢卷尺等），以免造成导线接地、短路及人身触电事故。维修作业时不准直接接触带电导体，应保持规定的安全距离，并应设专人监护，严禁用手直接触摸带电设备的绝缘物和非绝缘部分。移动带电设备时，应先断开电源，接线时应先接负载后接电源，拆线时则顺序相反。严禁不断开电源直接移动电气设备。巡视线路或检修配电箱时，无论线路是否停电均视为带电，当发现接地故障时应有防止跨步电压及接触电压的措施，方可进行检修工作。对施工现场的配

电箱内的漏电保护器要每周进行一次漏跳试验，当发现有动作不灵敏的漏电保护器应立即更换，并做好记录。

② 大风在 5 级（含 5 级）以上严禁高空施工，墙面施工时遇大风必须把屋面材料固定牢固，防止吹下伤人。对施工现场材料进行清理，禁止乱扔、乱放，施工完毕应及时清理。墙面施工时电源线严禁乱拉、乱接，墙面板安装时对所使用的电动工具包括电源线在上班前进行检查，对不合格产品，严禁使用。上墙面施工人员必须佩戴安全帽，佩戴防护手套，穿防滑鞋，严禁穿拖鞋或硬板鞋进入现场。往上拉墙面外板、彩板等施工人员定时检查绳索扣件的牢固性。进入现场的施工人员严禁吸烟、打闹，严禁酒后进入施工现场。现场施工人员必须按照规范施工，严禁违章施工，严谨操作，安装过程中所使用的电动工具必须佩戴绝缘措施。

③ 墙面内板安装使用挂梯上方进行捆绑并拉设竖向安全绳，施工人员在挂梯上施工时，将安全带挂设在安全绳上；墙面外板安装使用井字架上方进行捆绑，施工人员在井字架内安装作业时，将安全带挂设在井字架上。

④ 墙面板施工时施工人员严禁穿短裤及短袖衣服，切割板时戴好护目眼镜。

（13）屋面板安装。

对屋面板安装人员进行专项安全技术交底。在屋面板安装过程中，在不能承受人体重量的边缘地带拉好安全警示带，在醒目的位置摆放安全警示标志牌，所有施工人员必须戴好安全帽、穿防滑鞋、佩戴安全带，如遇天气变化，现场起风、风力在 5 级（含 5 级）以上时，停止屋面板安装。认真检查现场用电电缆有无破皮、漏电现象，若有上述现象，不准使用。电器操作人员必须戴绝缘手套。屋面底板安装使用行车梁、架轮扎设脚手架。脚手架扎设前编制安装方案并由项目部进行审批，对相关施工人员进行安全交底。脚手架安装完毕后由项目部组织甲方、监理验收，同意后方能进行安装作业，要求平台有专用的上下安全通道，平台的三边做好临边防护并挂设醒目的安全警示标志。脚手架安装拆除时下方拉设安全区域并悬挂安全警示标示。

（14）窗口包件安装。

① 包件安装中应拉设安全绳 1 道，安全绳固定在两柱之间的系杆处，高空作业人员安全带挂设在安全绳上（但是安全绳不要太松）。

② 窗包件安装，由施工队焊接椅子式板凳，板凳插在 1.2 m 处的女儿墙上，离操作平台外侧 30 cm，施工人员站在操作平台上。

（15）临时用电。

施工现场的临时用电必须坚持三个基本原则：其一，必须采用 TN-S 接地、接零保护系统；其二，必须采用三级配电系统；其三，必须采用二级漏电保护系统。TN-S 系统又被称为三相五线系统，三级配电为总配电箱到分配电箱到开关箱再接到用电设备上的逐级配送电源，二级漏电保护为总配电箱和开关箱都安装由漏电保护器所构成的漏电保护系统。开关箱与设备之间必须实行"一机一闸"。分配电箱与开关箱的距离不得超过 30 m，开关箱与其供电的固定式用电设备的水平距离不得超过 3 m，严禁非专职电工私拉乱接施工现场临时用电。

（16）用电设备。

电焊机使用时必须配有二次漏电保护器，从开关箱到电焊机为一次线，长度不得超过 5 m；从电焊机把线引出的为二次线，长度不得超过 30 m；手持电动工具使用时接线必须合格；严禁私拉乱接照明线路。

（17）消防保卫。

施工现场消防，我们应该坚持"以防为主，防消结合"。施工现场所有的用电设备全部配备上灭火器，现场材料库、生活区全部配备灭火器、消防栓。建立起与当地派出所的联系，发生事件之后迅速报警。

（18）现场管理。

在施工现场管理方面，坚持先教育后上岗的原则，对现场的新、老施工人员进行安全教育、安全交底和安全培训。在施工过程中，对存在的安全隐患提出整改方案，要求施工队整改到位。对现场人员进行身份登记，做好施工人员的管理。针对以上安全防护措施及安全管理结合公司制定的《安全防护用品使用管理办法》进行现场具体性的施工，安装过程中严格按照此防护措施进行安排施工，加大现场防护措施管理，杜绝安全事故发生。

7.5　施工进度管理

项目的工期往往是项目管理者最为关注的问题之一，合理的工期目标不仅对进度控制非常重要，对造价控制也有很大的意义。确定合理的工期目标是一个比较困难的工作，对于钢结构和轻钢结构来说，可以以吨为单位进行类比工期估算，参考类似工程的经验数据，根据钢结构吨数的不同，再考虑一个难度及复杂程度的比例系数，就可以对钢结构和轻钢结构的工期进行估算。

施工进度控制是指在既定的工期内，编制出最优的施工进度计划，在执行该计划的施工中，经常检查施工实际进度计划，并与计划进度进行比较，若出现偏差，分析产生的原因和对工期的影响程度，找出必要的调整措施，修改原计划，直到满足进度计划为止。施工进度控制主要包括以下内容：

事前进度控制：确定钢结构工程施工进度控制的工作内容和特点，控制方法及具体措施，进度目标实现的风险分析，提出尚待解决的问题；根据合同工期、施工进度目标及工程分期投产要求，对施工准备工作及各项施工任务作出时间安排，确定各单位工程、工种工程和全工地性工程的施工衔接关系；利用流水施工原理，科学组织分段流水施工，实现立体和平面的流水作业，同时应用网络计划技术，编制局部的实施性网络计划，根据关键线路的工作，实现施工的连续性和均衡性；以工程项目施工总进度计划为基础编制年度工程计划，确定钢结构工程的形象进度和所需资源（包括人力、物力、材料、设备及资金等）的供应计划。

事中进度控制：建立钢结构工程施工进度控制的实施系统；及时对施工进度进行检查、做好记录，随时掌握进度实施动态；对收集的进度数据进行整理和统计，并与计划进度相比较，从中发现是否出现进度偏差并进行工程进度预测，提出可行的修改措施；重新调整进度计划及相关计划并付诸实施；加强现场的施工管理和调度，及时预防和处理施工中发生的技术问题、质量事故和安全事故，减少这些问题对进度的影响。

事后进度控制：及时组织工程验收，处理工程索赔，工程进度资料整理、归类、编目和建档等。

工程进度管理是现场管理的一个重要方面，我国实现的是监理制，承包商具体负责工程进度的实施，而监理代表业主对工程的进度进行管理。根据监理规范，施工现场进度管理程序如图 7-4 所示：

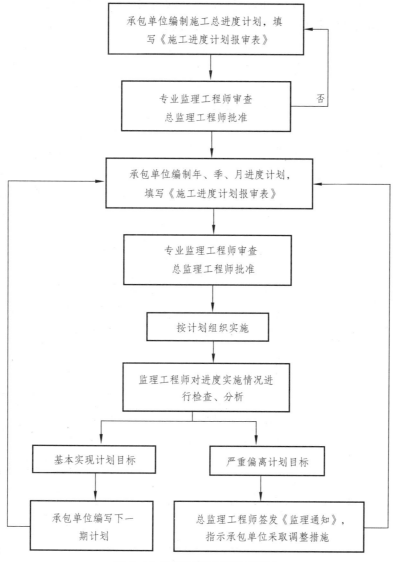

图 7-4 施工现场进度管理程序

7.5.1 进度计划编制

进度计划的制订非常烦琐，施工进度计划可分为三级：一级计划为总控制进度计划，由总承包单位编制项目的总控制进度计划，并报监理和业主审批认可。二级计划为阶段性的工作计划或分部工程计划，由总承包单位和专业分包公司来编制。三级进度计划为周计划，由施工单位编制。钢结构和轻钢结构的进度计划属于二级进度计划。

进度计划的编制常采用的有横道图和网络计划技术。在大型工程的项目管理中，网络计划技术因能表达工序之间的逻辑关系、不需要手工绘制等优点而应用较多。

进度计划的编制难点主要是对工作进行分解及排序和各项工作的时间估算。要做好工作分解结构及排序，首先要有比较完善的施工方案，其次要对施工过程和施工技术要有比较深入的了解，对各项工作的逻辑关系非常清楚，最后通过大量细致的工作才能把分解工作做好。表 7-1 为央视电视台新址工程主楼的工作结构分解表。

表 7-1　工作结构分解表

单位工程	第一层次（分部工程）	第二层次（子分部工程）	第三层次（分项工程）
主楼	地基与基础	有支护土方	
		桩基	
		地下防水	
		混凝土基础	
	主体结构	混凝土结构-组合楼板	模板
			钢筋
			混凝土
		劲性混凝土结构-劲性柱	钢柱与钢筋的连接-钢筋连接及焊接
			模板
			钢筋
			混凝土
		钢结构	钢结构焊接
			螺栓连接
			钢零部件加工
			钢构件组装
			高层钢结构安装
			钢结构涂装
			钢构件预拼装
			压型金属板
	建筑装饰装修	幕墙	玻璃幕墙
			石材幕墙
		门窗	

　　估算各项工作的持续时间，不仅要充分了解人工、机械和材料的配置情况和成本，同时还需要了解各项工作的劳动生产率。钢结构的焊接若采用手工电弧焊，每个工人单位时间的焊接工作量是多少，若采用半自动埋弧焊，其单位时间的焊接工作量是多少，加工完成一根柱的时间大概是多少，一根梁是多少等，这些基础数据需要在工作中长期积累而来，从而准确计算工期。但在实际工程中，是根据工期要求配置人工、机械和材料，同时要兼顾成本和技术的可行性。有些工作并无经验数据可行，需要实际的工程摸索确定工作持续时间。

　　工作的分解结构和各项工作的持续时间解决以后，就可以采用网络计划技术求解关键路径，通过关键路径的调整来适应工期进度的要求，尽量做到时间和进度的平衡。

　　下面以中央电视台新址工程主楼为例来说明进度计划的编制、工作结构的分解、工作持续时间的估算以及工程计划的动态调整。

工程概况：中央电视台新址工程主楼地下 3 层为钢筋混凝土结构，采用桩筏基础。地上51 层为钢结构，局部采用劲性混凝土柱。柱子锚固在基础底板内，柱脚采用埋入式和外包式。2005 年 12 月 30 日完成筏板混凝土的浇筑，2006 年 2 月开始地下 3 层首节钢柱的安装。在钢结构吊装开始后，施工方便贯彻以现场钢结构安装为主线的原则，其余钢材供应、钢结构加工、构件供应、吊装、人员配备及技术协调也要求满足钢结构现场安装的需要。主楼的钢结构安装大致分为 3 个阶段施工：第一阶段是两个塔楼和裙楼分别独立施工；第二阶段是悬臂部分的安装至合龙完成；第三阶段是悬臂部分其余钢结构正常安装直至封顶以及延迟构件的安装。在整个施工过程中，设计方对钢结构安装、压型钢板-混凝土组合楼板施工以及幕墙的施工进度之间的先后关系有明确要求，要求楼板和幕墙的施工进度落后钢结构层数不能太多，也不能太少。这是因为主楼有双向倾斜、变形和内力控制的要求。在第一阶段施工中，高峰时达到每 6 d 一层的安装进度。第二阶段悬臂施工是钢结构安装施工的重点，其施工进度受到诸多因素的影响，包括塔式起重机的移位、测量的精度、加工和安装的预调值、天气环境等。这部分的工程安装是没有先例的，只能在实施的过程中不断积累经验，探索加快工程进度的方法。从 2006 年 2 月钢结构安装开始至 2008 年 3 月钢结构封顶，12 万多吨的钢结构全部安装完成。

（1）工作结构的分解。

工作结构的分解方法按照《建筑工程施工质量验收统一标准》（GB 50300—2001）定义的单位工程、分部工程和分项工程来划分。

（2）工作排序。

对于施工总控计划，到第三或第四层次，就可以满足总体进度控制的要求。对于钢结构加工、钢结构安装、玻璃幕墙工程等，可作为二级进度计划。实际上钢结构加工、安装以及幕墙工程，都是承包给不同的分包商来施工的，分包商在总控计划的时限要求之下，编制自己的二级计划。

钢结构施工阶段，工程进度的主线是现场的钢结构安装，各种资源的配置都以满足这一关键线路为目的。工程的主要工序如图 7-5 所示。图 7-5 中的主要施工工序中，在两座塔楼施工的阶段，由于塔式起重机是附着在核心筒内的，需随着钢结构的安装不断上升，每安装 4层，塔式起重机需顶升 1 次。顶升期间，钢结构吊装作业停止，但可进行焊接作业。钢结构施工到悬臂阶段时，由于塔式起重机的工作半径无法覆盖悬臂的端部，塔式起重机需进行移位 1 次，从两塔楼的核心筒移向更靠近悬臂的位置，满足悬臂吊装的需求。

除钢结构吊装的关键线路之外，最主要的次要线路是钢结构的深化设计、钢材采购、构件加工和运输。构件供应的计划需按照进度的要求来制定。安装时，构件逐层逐根来进行，构件加工供应计划应细到每层每根构件，按照安装的要求来加工供货。

设计方在设计的过程中进行了施工分析假定，为控制倾斜和悬挑结构的内力和变形，对钢结构的安装、压型钢板组合楼板施工以及玻璃幕墙安装等专业之间的施工先后顺序及进度之间的相互关系进行了限定。比如：

在悬臂钢结构吊装之前，要求两塔楼的钢结构安装基本完成；楼板混凝土浇筑应完成到39 层至塔楼顶层的范围之间；幕墙安装应完成到 16 层至塔楼顶层范围之间。

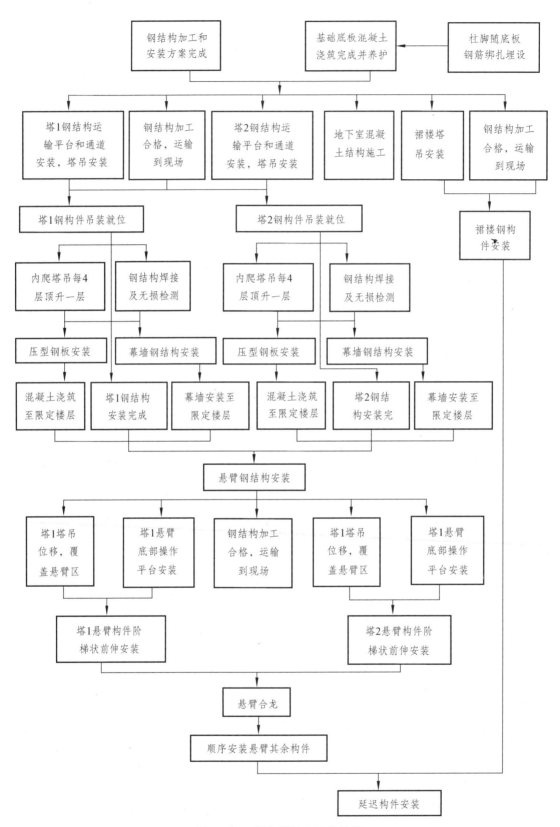

图 7-5　工程主要施工工序流程

在悬臂部分施工过程中，悬臂部分的结构施工对已完成的塔楼结构的内力和变形有重要影响。它会增加两塔楼的内力和变形，内力在悬臂合龙之后，会锁定在结构之中。所以要求：37层～39层的转换桁架在合龙并形成整体结构之前，不得有任何附加的荷载加在建筑物上，仅进行钢结构的安装，如图7-6所示。

图7-6　央视工程钢结构安装

在对施工工序进行排序时，必须将上述要求考虑进去。

钢结构安装是工程进度的关键线路，但在实际工程中，由于资源的限制，并不能保证钢结构安装能够从头到尾持续不断地进行下去。如果由于钢结构的加工受条件限制不能满足现场安装进度的需要，则现场安装必须放慢进度，钢结构加工则成为关键线路的一环，这也说明了资源限制对工程进度的影响。

通过上面的描述我们可以看出，只有编制完善而成熟的施工方案，且对工程施工工序之间的相互逻辑关系有了充分的了解，我们才能对各项工作进行排序，并找到工程进度的关键线路。

（3）工作活动时间的估算。

工作时间的估算也是进度计划制订中的难点，因为我们对相关信息掌握不全面。时间估算必须掌握两方面的信息：第一，我们手中可支配的资源有多少；第二，人员及机械的劳动生产率是多少。在实际工程中，往往是在确定了工期要求的前提下，来配置资源。所谓计划就是资源的安排。在很多情况下，制约计划的因素除了工序、工作面等强制逻辑关系外，更重要的是非强制逻辑关系，比如资源配置能力的极限。如果没有资源配置的支持，计划就是空谈。

工作活动时间的估算是一个非常复杂的过程，因为影响工作时间的因素很多，比如资源因素、技术因素、管理因素，但我们可以从最简单的因素开始分析。

首先，我们从分析一根简单的构件开始，看看影响构件工作时间的因素有哪些。不管多么复杂的钢结构，都是由一根根简单的构件组合在一起的。对于单根构件来说，存在一个绝对技术时间。假设构件从设计、加工、安装每个工序都衔接紧密，每个工序都配备足够的人员和器械，占满工作面，采用最好的工艺来生产，这根构件所消耗的时间即为该构件的绝对技术时间，也是最短的工作时间，也是该构件工作时间的压缩极限。不同的构件，其绝对技术时间不同，与构件形式、钢板厚度、钢材品种、节点的复杂程度有关。以一根简单的箱型柱为例分析单根构件的绝对技术时间，柱长为 6 m，截面为 600 mm×600 mm，板厚为 30 mm，两端及中间各设置一道横隔板，如表 7-2 所示。

表 7-2　构件施工绝对技术时间分析表

序号	工序	时间估算	说明
1	深化设计	约 4 h	深化设计师进行设计绘图，校对、审核等各程序
2	深化设计审批	约 4 h	深化图纸完成后送结构工程师审核，对相关问题进行沟通和修改
3	钢材生产及供应		难以估计，钢板有现货，则时间缩短；若订货后才生产，则时间很长。钢板生产要考虑到合同、钢材排产、检验、运输的时间，所以很长
4	钢材切割下料	约 2 h	采用数控机床切割下料
5	钢材边缘加工及平整度调整	约 2 h	进行边缘坡口加工、打磨，剔除毛刺，对钢板平整度进行测量，有必要时进行调整
6	散件组装矫正	约 3 h	将散件组装起来，临时固定，并做好尺寸的校准工作
7	焊接	约 12 h	采用埋弧自动焊，隔板采用电渣焊。若焊接的准备工作，比如工艺评定、焊工培训、焊材都已完成，则在组装完后可以直接进行焊接
8	焊接变形矫正及残余应力消除	约 3 h	这一工序依赖于焊接变形和残余应力的多少，合理的焊接工艺和焊接顺序可降级焊接变形和残余应力
9	焊缝检测	约 1 h	焊缝进行外观和内部的缺陷检测，并出具检测报告，作为质量验收的依据。内部缺陷一般采用超声波检测
10	除锈	约 1 h	采用抛丸除锈工艺
11	防腐涂装及厚度检验		不同的防腐漆，其涂刷工艺、养护时间不同。最短 1 d 之内，最长 7 d 以上。防腐涂刷完成，对涂层厚度进行检验
12	构件验收	约 1 h	构件的验收分为实体验收和资料验收，关键是前面的工序要验收到位，资料要齐全
13	构件运输	约 3 d	钢构件加工主要位于华东地区，构件运输以公路运输为主，以从上海到北京为例，约需要 3 d
14	构件到场，吊装准备	约 2 h	构件到达现场，进行交接验收，然后进行吊装准备，包括画线、焊接吊耳、连接耳板等
15	构件吊装就位，临时固定	约 4 h	构件吊装依赖于吊装工艺和吊装方案，假设构件单件吊装就位，经检验调整后，最终临时固定

序号	工序	时间估算	说明
16	现场焊接	约 5 h	焊接准备工作包括搭设工作平台和防护棚,现场对接焊缝假设采用全熔透对接焊缝,采用二氧化碳气体保护焊,由两名焊工对称同时施焊
17	焊缝检测	约 1 h	对焊缝进行无损检测和外观检测
18	补涂防锈漆	约 1 h	应尽快清理焊缝表面,割除吊耳和临时固定耳板,在上述部位及防腐涂层破损部位补涂防锈漆
19	构件验收	约 1 h	最终的实体验收和资料验收
	汇总	约 50 h	未考虑构件运输、涂装、钢材采用和供应时间

表 7-2 中的时间估算仅仅是为了说明问题,在实际工程中,由于构件都是成批量生产的,单根构件的生产时间往往会有很大的不同。

最后,从工程的角度来分析。一个工程会有成千上万根构件,每个构件都有各自的特点,从工程的角度来说,影响进度的因素往往并不是技术的因素,或构件的绝对技术时间,而是资源配置的极限以及工程管理的水平。每种构件,对于不同的加工厂来说,其加工的绝对技术时间是一样的,但由于资源配置的能力和管理水平不同,同样的构件,每个加工厂的加工时间又是不一样的。在实际工程中,成千上万的构件需要分期、分批按照工程进度的需要进行加工和安装,所以良好的管理和组织也非常重要。

因而,工期估算与具体的施工企业密不可分,当然,我们也可以从更广阔的范围来求取一个平均工期水平,但这也是不准确的,对工期估算更有意义的是各个施工企业的工期定额。企业应注重积累这些企业定额,这也是企业最宝贵的财富和商业机密。

7.5.2　现场进度控制

(1)建立进度计划的管理体系。

相关单位比如业主、设计、监理、施工各级承包单位,须设立明确的进度管理架构,设置专职计划员。计划员要具备一定生产安排经验,了解图纸、施工组织设计、方案等技术文件,能对施工进度动向提前做出预测。

进度计划管理体系的贯彻途径有:

①完善例会制度。

每周召开至少一次有各单位负责人参加的生产调度例会;各施工单位每周召开至少一次本单位的生产调度例会;必要时召开有关进度问题的专题会议。

②监理沟通渠道。

各单位生产负责人工作时间必须在岗,如临时外出须通知其他相关人员,并做出相应安排;除睡觉时间外必须能随时取得联系。

(2)工程进度的动态调控。

在进度管理体系建立的基础上,必须树立动态调控的概念。虽然在编制计划的过程中,分析了影响工程进度的各种因素,但在实施的过程中,实际的工程进度要复杂得多。进度管理的过程就是一个不断解决新问题，不断重新调配和组织资源，不断调整计划的动态过程。动态调整往往围绕一些既定的节点工期进行。

典型的钢结构建筑——中央电视台新址工程在工程进度的控制中，就遇到了诸多问题，如下：

① 深化设计。

构件的构造复杂，图纸量超过预期，遇到了设计人员不足和审批时间较长的问题，加工单位成立了专门的设计部门，根据需要不断增加设计人员，高峰期有一百多人。原定设计院对每批深化图的审批时间是两周，但图纸往往需要修改 2～3 次，过程不断调整，导致图纸的审批期延长，对工程进度造成了一定的影响。解决这一问题的方法是要求增加人力资源，加强沟通和协调。在工程初期，这样的问题较为严重，随着工作的开展逐渐顺利。

② 钢材的订货和供应。

央视大楼新址工程的修建正好赶上了奥运高峰期，钢材的供应非常紧张。央视所需要的钢材有两大特点，一是钢材的强度高，大量采用 Q390 及 Q420 钢材；二是钢材厚度大，多数在 40 mm 以上，最厚达到 100 mm。国内只有少数钢厂比如舞阳钢厂、宝钢等能够生产，但这些钢厂的加工任务极重，钢材的供货非常紧张。为了保证钢材的供应，业主和总包采取了多种手段：一是业主积极为工程提供资金支持，施工单位也主动筹措资金，提前半年甚至一年订货，预先锁定钢材资源；二是业主积极协调钢厂的上级单位，争取钢厂对央视工程大力支持；三是积极拓宽供货渠道，从国内和国外寻求供货的可行性。就算这样，仍然会出现个别板材难以及时到位的情况，原因是虽然提前订货，但货的量太少，难以凑成一个炉批，生产成本较高，钢厂这时往往会等新的需求来了凑成一个炉批号再安排生产。虽然只是个别板材，影响的也只是个别构件，但对于安装来说，影响的却是整体，这是由钢结构必须按次序安装的性质决定的。在这种情况下，需要项目管理者积极协调应对。

③ 劳动力不足。

中央电视台新址在安装现场出现了焊工不足的问题，因其大量采用全熔透对接焊缝，焊接工作量大。每层构件吊装临时就位后，必须焊接完成才能进行下一层构件的吊装。施工单位采取了调整措施，根据工作量的需要，从其他工地抽调了大量熟练焊工，充实到央视工地，保证了工程的进度。

④ 塔式起重机的问题。

塔式起重机是钢结构安装的生命线。央视工程采用的是 M1280D、M600D 和 M440D 塔式起重机。在吊装过程中，塔式起重机出现了一次较大的问题，由于没有将塔式起重机顶升所需的部分构件及时排产，导致塔式起重机无法及时顶升，将安装进度拖延了一个月。施工单位发现问题后及时采取措施，组织加工厂，加班加点赶制顶升构件，争取将进度的损失降到最低。

⑤ 构件的连续和配套。

钢结构现场安装过程中，应以钢结构的安装计划为核心，钢结构的加工必须配合安装。但在实施过程中，加工厂愿意将同类或相似的构件集中起来一起加工，从而提高加工效率，但却不一定符合钢结构安装的计划和次序。另外，构件的配套也会增加加工厂的工作量。配套的意思是指不同的构件如梁、柱等必须按照钢结构的安装顺序来进场，不同区域之间的安装要协调、均衡地推进；也指单根构件会包括一些小件，比如耳板、吊耳是为了满足安装措施需要。要做到构件的连续与配套，就需要加工厂和项目管理者拿出足够的管理能力和管理经验，实施科学而细致的管理。钢结构安装单位将详细的安装计划交给加工单位，加工单位根据安装计划制订构件的生产计划，同时考虑一定的时间余量来应对突发状况。在计划和实际发生矛盾时，可采用现场堆场，即加工厂将构件加工提前，构件完成后找一个堆场存放，需要时再运送到施工现场。虽然增加了二次堆场的费用，但是这样使安装进度有了保障。

⑥ 其他因素。

在结构施工中，往往还会有一些社会、气候等难以预料的因素。如：举行中考或高考的时候，禁止夜间施工；两会期间，北京实施交通管制等。气候的因素则更多，如风力大于 5 级，则不能进行吊装作业，而焊接作业也直接受到刮风、下雨和寒冷天气的影响。央视工程吊装的时间是 2007 年的夏天，由于极端天气的影响，塔 2 的塔式起重机倾覆，对工程进度也造成了较大的影响。

从上述例子中的问题可以看出，工程进度的控制是一个持续性的动态调整过程，贯彻整个工程的始终，同时工程进度的管理实质上也是资源调配的过程。

实训 7

1. 影响钢结构和轻钢结构的质量因素有哪些？
2. 轻钢结构在安装过程中的质量控制点有哪些？
3. 钢结构施工中的主要风险是什么？要做到安全生产应采取哪些技术措施？
4. 钢构件吊装在雨期施工，应采取什么措施？
5. 请说明钢结构施工进度计划的常用编制方法和进度计划编制的难点。

8 装配式建筑施工项目管理案例

8.1 工程概况

昌平区回龙观 019 地块住宅及商业金融项目位于北京市昌平区回龙观，回龙观村规划三路以南，回龙观村中街以北，西二旗东路以东，回龙观村规划二路以西。地块总用地面积 33 591 m^2，总建筑面积 101 000 m^2，地上总建筑面积 72 855 m^2，地下总建筑面积 28 145 m^2；由 5 栋住宅楼及 1 栋地下车库组成。其分布如图 8-1。

图 8-1　昌平区回龙观 019 地块住宅分布

住宅楼及车库二次结构地上采用预制隔墙板及 BM 免抹灰砌块，地下采用轻集料混凝土空心砌块。

住宅楼外保温采用 80 mm 和 110 mm 厚的石墨聚苯板，屋面采用 100 mm 厚挤塑聚苯板。住宅、车库门为保温门，窗为断桥铝合金中空双层玻璃窗。

住宅、车库明装采暖管道采用玻璃棉管保温；散热器上安装高阻力恒温阀；光源均选高效节能光源和灯具、采用合理的灯具安装方式和照明控制方式。

景观设计为硬质地面铺装，采用透水饰面砖，采取多种渗透措施增加雨水就地渗透量，绿化物种选择适合北京气候和土壤条件的乡土植物，构成乔、灌、草及层间植物相结合的多层次植物群落。

其中，回龙观 019 地块金域华府工程 2#住宅楼为全装配式工业化住宅，建筑面积 11 836 m²，地上 27 层，地下 2 层，总高 79.85 m，是至 2016 年为止，全国 8 度抗震区最高的全装配式住宅。

预制构件包括预制外墙板、预制内墙板、预制叠合板、预制空调板、预制阳台板、预制楼梯、预制楼梯隔墙板、预制装饰挂板、PCF 板、预制分户板、预制女儿墙（图 8-2），标准层预制率达到 64%；其中叠合板从地下二层开始施工，预制楼梯及隔墙板从首层开始施工，其他预制构件从地上 7 层开始施工。

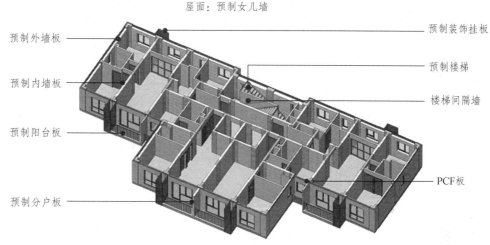

图 8-2　2#住宅楼预制构件示意

标准层：外墙板 22 块，内墙板 13 块，叠合板 46 块，预制悬挑构件 11 块，其他预制构件 10 块，共计 102 块。其中，外墙板为挤塑聚苯板复合夹心板，最大构件质量为 8 t，楼梯为 4 t。现浇混凝土用量 63.46 m³。

8.2　施工管理体系

8.2.1　组织架构

项目部设立绿色施工管理小组，项目经理担任组长，设专职文明施工管理人员负责文明施工的管理工作。制定保证措施，建立定期检查制度，落实责任制。该工程施工结构见图 8-3。

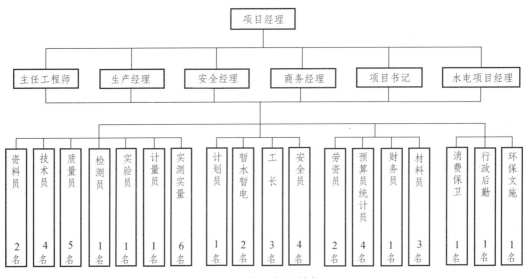

图 8-3　施工组织结构

8.2.2　组织分工

该项目的组织分工明细见表 8-1。

表 8-1　施工组织分工明细

序号	项目部成员	绿色施工职务	分工情况
1	项目经理	组长	负责绿色施工的全面管理工作，组织制订绿色施工方案、措施及全面监督绿色施工方案执行情况
2	项目书记	副组长	现场总体实施管理
3	主任工程师	副组长	1. 协助项目经理制订绿色施工方案、措施； 2. 推广新工艺、新材料，提供技术支持； 3. 组织各部门对绿色施工的完成情况及采用的新技术、新设备、新材料、新工艺进行评价和对比分析
4	生产经理	副组长	负旋现场总体监督，审核、审批项目施工组织计划、节能控制
5	工长、质量员		1. 工程技术交底； 2. 节水、循环水利用、非传统水利用措施； 3. 现场用电控制措施； 4. 生产、生活及办公临时设施的设置和使用情况； 5. 建筑垃圾回收再利用及处理； 6. 临时用地的审批手续

序号	项目部成员	绿色施工职务	分工情况
6	技术员		1. 施工作业区和生活办公区施工平面布置； 2. 推广新工艺、新材料，提供技术支持； 3. 图纸会审记录、洽商、深化设计； 4. 汇总各部门的目标、指标、自我评价及对比分析； 5. 超过一定规模危险性较大的分部分项工程应进行专家论证和实施过程管理控制
7	资料员		施工过程管理文件、见证资料
8	安全员		1. 制定施工防尘、防毒、防辐射、防污染、防潮等职业危害的措施，保障施工人员的长期职业健康； 2. 施工现场大型机械设备的安全使用措施执行情况； 3. 绿色施工中相关人员培训与教育； 4. 负责扬尘污染控制； 5. 负责有害气体排放控制、固体废弃物控制； 6. 夜间噪声控制及光污染控制、地下设施及文物的保护； 7. 施工现场雨水、污水应分流排放措施
9	行政保卫		1. 施工现场建立卫生急救、保健防疫制度，提供卫生、健康的工作生活环境； 2. 针对生活区不同的污水，设置相应的处理设施，如沉淀池、隔油池、化粪池等； 3. 办公室资源再利用、垃圾分类
10	商务部门、材料员		1. 采购绿色环保的工程材料，选择距离较近的材料提供厂家； 2. 制订采购计划，监督各部门节约材料的执行； 3. 对周转材料进行维护保养

8.3 施工目标

工程施工前，依据《建筑工程绿色施工评价标准》（GB/T 50640—2010），结合对类似工程的综合调研、数据统计分析，明确"四节一环保"的各项考核目标。

8.3.1 环保目标

该工程施工环保主要指标与目标值见表 8-2。其建筑垃圾总排放量分解指标见表 8-3。

表 8-2　施工环保主要指标与目标值

序号	主要指标	目标值
1	扬尘控制	1. 土方施工：目测扬尘高度＜1.5 m； 2. 结构施工：目测扬尘高度＜0.5 m； 3. 安装装饰：目测扬尘高度＜0.5 m
2	建筑垃圾	1. 建筑垃圾总排放量小于 400 t/hm²； 2. 再利用率和回收率达到 50%； 3. 有毒、有害废弃物分类率 100%
3	噪声控制	1. 各施工阶段昼间噪声≤70 dB； 2. 各施工阶段夜间＜55 dB
4	水污染控制	生产、生活污水分流排放，污水排放达到国家标准要求。
5	光源控制	达到国家环保部门的规范规定，保证强光线不射出工地外，焊接作业采取遮挡措施。
6	废气排放控制	电焊烟气的排放应符合国家标准规定。

表 8-3　建筑垃圾总排放量分解指标

建筑垃圾	废弃物总排放量	计划利用率/%	垃圾计划排放量
混凝土	1 300 t	70	390 t
钢材	450 t	90	45 t
木材	2 000 m³	75	500 m³
装饰装修材料	1 000 t	45	550 t
其他	2 000 t	10	1 800 t
合计	6 750 t	51	3 285 t

8.3.2　材料资源利用目标

该工程材料资源利用目标见表 8-4、表 8-5。

表 8-4　主要材料资源利用目标

序号	主材名称	预算用量	定额损耗率	定额损耗量	目标损耗率	目标损耗量
1	钢材	7 196.86 t	2.5%	179.92 t	1.75%	125.95t
2	混凝土	68 783.7 m³	1.5%	1 031.8 m³	1.05%	722.23 m³
3	砌块	1 926.8 m³	2.5%	48.17 m³	1.75%	33.72 m³
4	砂浆	480.6 t	2.5%	12 t	1.75%	8.4 t
5	石膏	172.2 t	2.5%	4.3 t	1.75%	3.01 t
6	腻子	169.1 t	2.5%	4.2 t	1.75%	2.96

表 8-5 其他材料资源利用目标

序号	项目	目标
1	模板	目标周转使用 3 次
2	围挡、板房等设施周转使用率达到 90%	
3	就地取材，运距在 ≤500 km 以内的材料占材料总量达到 80%	
4	建筑包装回收率 100%	

8.3.3 水资源节约目标

该工程水资源节约目标见表 8-6。

表 8-6 水资源节约目标

序号	施工阶段	用水区域	定额耗水量/m³	目标耗水量/m³
1	地基与基础	施工用水	23 642	3 000
		生活用水		12 000
2	主体结构	施工用水	67 985	12 000
		生活用水		41 000
3	装饰装修	施工用水	23 918	15 700
		生活用水		11 300
4	节水设备（设施配置率）		100%	
5	非传统水源和循环水的再利用量		≥50%	

8.3.4 能源利用目标

该工程能源利用目标见表 8-7。

表 8-7 能源利用目标

序号	施工阶段	用电区域	定额耗电量/kWh	目标耗电量/kWh
1	地基与基础	施工用电	286 750	236 900
		生活用电		49 850
2	主体结构	施工用电	619 700	519 000
		生活用电		100 700
3	装饰装修	施工用电	1 044 300	879 000
		生活用电		165 300
4	节电设施配置率		80%	

8.3.5 土地资源利用目标

该工程土地资源利用目标见表 8-8。

表 8-8　土地资源利用目标

序号	项目	目标值
1	临时用地指标	临建设施占地面积有效利用率大于90%
2	施工总平面布置	职工宿舍使用面积满足 2 m²/人

8.4　总控网络计划

8.4.1　施工工序分析

（1）流水段划分。

流水段划分是工序工程量计算以及工序分析的依据，二者相互作用。分段后的工序工程量要和段与段之间数量大致相当。这需要经过反复计算，才能最终匹配，即划分后的工程量能够在测算中展开流水。

该工程竖向流水段划分示意见图 8-4。

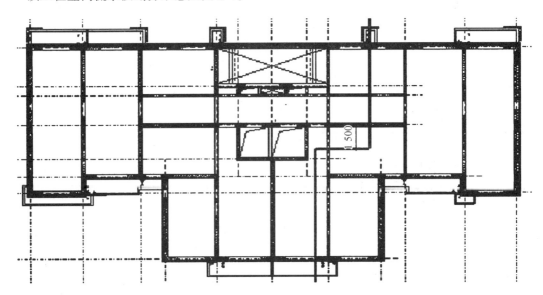

图 8-4　竖向流水段划分示意

在工程施工中，还有可能根据实际情况，调整流水段划分位置，以达到最优资源配置。本工程受现浇区域影响，2 段分布不均等，大段包括现浇区域。

（2）工序工程量确定。

根据反复测算，最终确定流水段。按照施工工艺的不同，对工序工程量分别进行计算，见表 8-9。

（3）大钢模工序分析。

按照计算完的工序工程量，套用施工定额，充分考虑定位甩筋、坐浆、灌浆、楼梯及预挂板吊装、圈边龙骨、独立支撑安装、顶板水电安装等工序所需的技术间歇。以天为单位，确定流水关键工序。因本工程受现浇区域影响，2 段分布不均等，大段包括现浇区域，所以在完成各段工序后，整层流水不能直接套用叠加，仍需具体安排。尤其是大钢模施工方法受塔吊占用影响较大，在整层流水中，将每段工序简化，综合考虑塔吊占用，利用技术间歇，才能形成流水，合理施工。吊次计算将在下部分着重描述。确定整层及层间流水工序及工期后，根据定额及实际劳动水平，确定工种及劳动力数量。大钢模施工模式下，整层工期 10 d，层间搭接 1 d。

表 8-9　大钢模和铝膜工序工程量对比

大钢模				铝模			
项目	1 段	2 段	整体	项目	1 段	2 段	整体
吊装墙体/吊	23	12	35	吊装墙体/吊	23	12	35
现浇钢筋/t	3.1	1.6	4.7	现浇钢筋/t	3.1	1.6	4.7
注浆/m³	0.33	0.17	0.5	注浆/m³	0.33	0.17	0.5
模板/吊	93	36	129	模板/吊			
现浇混凝土/m³	35.8	19	54.8				
拆模/吊	93	36	129				
叠合板/吊	29	28	57	叠合板/吊	29	28	57
现浇梁、板带及楼梯平台支模/m²	19	19	38	现浇梁、板带及楼梯平台支模/m³	19	19	38
上铁/t	0.7	0.7	1.4	上铁/t	0.7	0.7	1.4
顶板混凝土/m³	17	17	34	墙顶混凝土/m³	52.8	36	88.8

（4）铝模工序分析。

按照计算完的工序工程量，套用施工定额，充分考虑定位甩筋、坐浆、灌浆、楼梯及预挂板吊装、圈边龙骨、独立支撑安装、顶板水电安装等工序所需的技术间歇。以天为单位，确定流水关键工序。铝模施工模式下，整层工期 8 d，层间搭接 1 d。

8.4.2　施工工艺确定

（1）吊次计算机分析。

按照工序工程量，结合各工序对塔吊的需求，分别进行计算。经过整体测算后，得出铝模相比大钢模节省吊次 50%的结论。这些吊次主要由大钢模安装、拆卸组成，铝模的安装及拆卸基本不占用吊次。

（2）劳动力需求计算及分析。

根据整层及层间流水施工所需劳动力，将各工种所需人数进行对比。结合层间工序流水作业人数，使用大钢模时劳动力少于使用铝模，且由于铝模工期短于大钢模工期，使用铝模时的劳动力密集程度也略高。这主要由于铝模采用小块碎拼模式，层间倒运由人工搬运实现。

（3）结构循环工序再次细化。

根据本工程施工特点，循环作业计划也分为大钢模和铝模两种模式表示。循环作业计划是总控网络下的实操型计划，是极具产业化施工特点的，以塔吊占用为主导的机械使用计划，具体到小时。首先将一天 24 h 划分为 4 个时段：早 6 点到 11 点半，共 4.5 h，中午 12 点半到下午 5 点半，4.5 h，为白天的 2 班；下午 6 点到晚上 11 点，5 h，凌晨 0 点到 5 点，5 h，为晚上的 2 班。然后进一步将工序模块化，同时体现段与段之间的技术间歇。由于循环作业计划表现形式简单明了，软件环境是普通的 Excel 表格，使其还具有拓展性。每天、每个时段的作业内容对应的质量控制、材料进场与安全文明施工等管理内容，尤其在构件进场到存放场地，与结构主体吊装之间的塔吊使用时间段协调方面，有着极大的指导意义。在整个装配式施工阶段，循环作业计划可悬挂于栋号出入口，作为每日工作重点的提示。

大钢模工序模块：放线→定标高、钢筋调整→凿毛→吊装→堵缝→注浆→钢筋绑扎→模板→混凝土浇筑→拆模→叠合板→钢筋绑扎→顶板混凝土，1 段 2 段相同，循环往复。经过循环工序精确的小时细化，单层工期缩短到 7 d。

铝模工序循环：放线→定标高、钢筋调整→凿毛→吊装→堵缝→注浆→钢筋绑扎→模板→叠合板→钢筋绑扎→墙顶混凝土。单层工期缩短到 6 d。

（4）施工工艺确定。

经过充分测算、比选，得出铝模在工期、吊次等主要因素分析中，数据都优于大钢模。采用铝模体系，能够实现墙顶同步浇筑，优化工序；其小块碎拼模式，材料轻便，通过楼板预留洞实现上下传递运输，可人工搬运，减少了拆模及塔吊占用时间；墙顶平整度高，实现了免抹灰，便于插入装修工序。因此，本工程选用铝模作为主要施工工艺，进行装配式结构施工。

8.4.3 关键线路及工期确定

结构：从现浇层到预制层的适应期为 3 个层，8 d 一层。到 14 层时，已能够流畅施工，单层工期缩短为 7 d 一层。到 21 层时，塔吊起重高度达到 60 m，吊装耗时增加，单层工期增加为 8 d。本工程结构工序见图 8-5。

外檐：在主体结构施工的同时，利用爬架外防护及操作平台，主体结构施工作业层以下的 3 层，自上而下分别完成外墙孔洞封堵（作业层下第一层）、孔洞防水处理及外窗安装（作业层下第二层）、外檐腻子底漆涂料（作业层下第三层），随爬架提升逐层上移，形成外檐立体穿插流水施工。

粗装：完成养护 28 d 后，进入粗装准备，开始拆模、进行结构修补清理。粗装施工关键线路工序为：拆模→结构修补→螺栓眼封堵→烟风道安装→反坎→隔墙板→水电墙地面管线安装→地面打灰及养护。非关键线路为：外窗主框及玻璃安装→水暖立管支管安装→墙体砌筑、勾缝、抹灰及养护。

精装：精装关键线路工序为客厅及卧室的施工，主要包括墙面充筋打点→窗台板安装→墙顶一遍粉刷石膏→二遍粉刷石膏→吊顶龙骨及石膏线条→吊顶安装→客厅地砖→地砖保护养护→墙顶二遍腻子→墙顶二遍涂料（含壁纸）→木门安装→木地板、踢脚、木门贴脸安装。非关键线路包括卫生间、厨房及公共区域两部分内容。卫生间精装施工工序包括：管道包封→防水基层处理→防水→闭水→防水保护层→地砖粘贴及保护覆盖→墙砖粘贴→浴缸导墙砌筑→浴缸内防水→浴缸安装及贴石材→墙地砖勾缝→淋浴屏安装→柜体及台面安装→镜子及五金洁具安装。厨房及公共区域精装施工工序包括：管道包封→墙面拉毛养护→地砖粘贴及保护覆盖→墙砖粘贴→厨卫间吊顶龙骨及穿线封板→公共区域吊顶龙骨及穿线→公共区域地砖→公共区域墙砖、勾缝→公共区域封板。

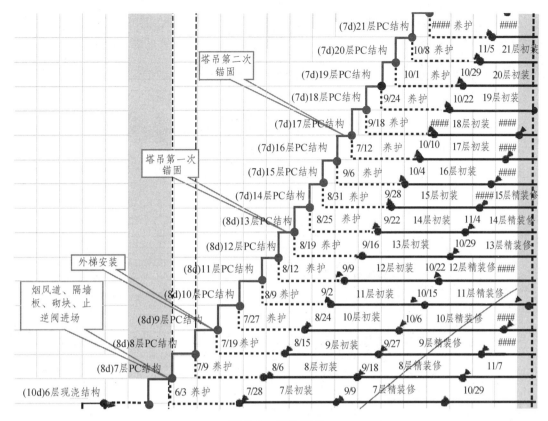

图 8-5　结构工序

8.4.4　总控网络计划

（1）立体循环工序。

结构工序模块化以后，根据总控网络的粗装及精装穿插要求，将粗装及精装工序模块化，并将平面分区。1～4 号为住户，5 号为公共区域。从粗装开始，按户推进。按分项工程划分为 8 大类：结构、初装修、水电、隔墙板、地暖、外檐、精装、铁艺。

楼层立体穿插施工表现为：N 层结构，$N-1$ 层铝模倒运，$N-2$ 层和 $N-3$ 层外檐施工，$N-4$ 层导水层设置，$N-5$ 层上下水管安装，$N-6$ 层主框安装，$N-7$ 层二次结构砌筑，$N-8$ 层隔板安装、阳台地面、水电开槽，$N-9$ 层地暖及地面，$N-10$ 层卫生间防水、墙顶粉刷石膏，$N-11$ 层墙地砖、龙骨吊顶，$N-12$ 层封板、墙顶刮白，$N-13$ 层公共区域墙砖、墙顶打磨，$N-14$ 层墙顶二遍涂料、木地板、木门、橱柜，$N-15$ 层五金安装及保洁。$N-15$ 层以下锁门待交用。

（2）形成总控网络。

将结构、粗装、精装三个分控计划，按立体穿插工序，组成总控网络（图 8-6）。总控网络计划需要若干支撑性计划，包括：结构工程施工进度计划、粗装施工进度计划、精装施工进度计划、材料物资采购计划、分包进场计划、设备安拆计划、资金曲线、单层施工工序、流水段划分等。这种日式网络总控计划，在体现穿插施工上有极大优势。结构—粗装—精装三大主要施工阶段的穿插节点一目了然。它在进度管理中的更重要意义在于是物资采购及分包进场的前导。如，在结构出正负零的时候，甲方土建方面应开始着手准备预制叠合板、阳台板及空调板，机电方面应开始 PPR、PVC、强弱电箱盒的采购合同的一系列工作，总包应开始独立支撑、几字梁、大钢模的方案准备、加工订货、平面布置的相关准备工作。

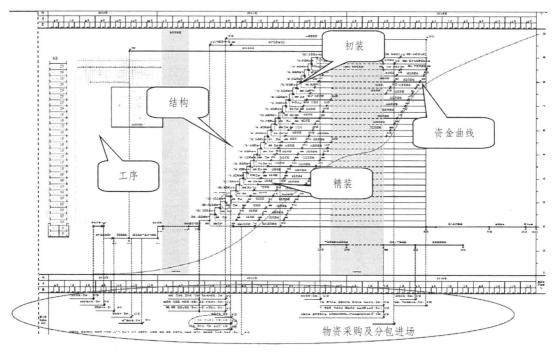

图 8-6　总控网络计划

8.5　施工策划

8.5.1　施工现场布置

（1）构件存放。

预制构件分类进行存放，各类构件存放需满足要求。竖向构件存放：搭设专用预制构件存放架。叠合板存放：每组竖向最多码放 5 块；支点为两个，并与吊点同位；每块板垫 4 个支点；6 个吊点的也垫 4 个支点；避免不同种类一同码放，由于支点位置不同，会造成叠合板裂缝。如无法避免不同种类混放，支点应与下层支点位置一致。如图 8-7 所示。

预制楼梯存放：楼梯竖向最多码放 4 块；支点为 2 个，支点与吊点同位；支点木方高度考虑起吊角度；楼梯到场后立即成品保护；起吊时防止端头磕碰；起吊角度大于安装角度 1~2°，如图 8-8。

（2）现场平面布置。

预制构件存放场地位置应对构件质量、塔吊有效吊重、场地运输条件进行综合考虑；存放场地选择在塔吊一侧，避免隔楼吊装作业；构件存放场地大小根据流水段划分情况、构件尺寸、数量等因素确定，每流水段至少存放一段预制构件；构件存放场地应平整、坚实，且有足够的地基承载力，并应有排水措施；竖向构件存放按吊装顺序及流水段配套摆放，插放于墙板专用存放架上，保证构件堆放有序，存放合理，确保构件起吊方便、占地面积最小，如图 8-9。

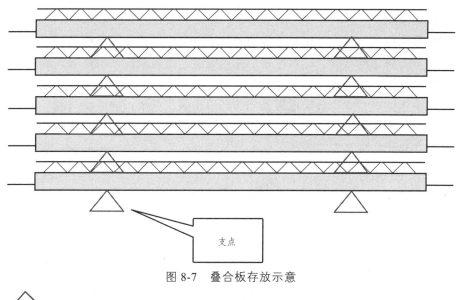

图 8-7 叠合板存放示意

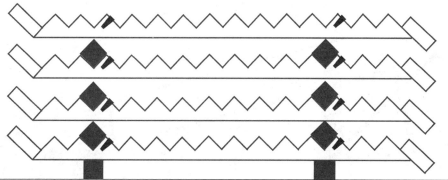

图 8-8 预制楼梯存放示意

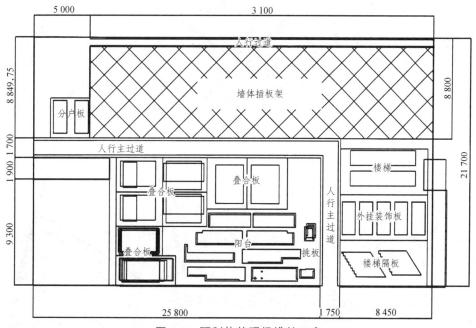

图 8-9 预制构件现场堆放示意

构件存放场区应进行封闭管理,做明显标识及安全警示,严禁无关人员进入。

对预制构件从构件厂至施工现场的运输道路进行全面考察和实地踏勘,根据构配件运输车辆条件,充分考虑道路宽度、转弯半径、路基强度、桥梁限高、限重等因素,合理安排运输路线,确保构件运输路线合理,且符合道路交通相关法律法规要求。

施工现场内道路规划应充分考虑现场周边环境影响,如附近建筑物情况、地下管线构筑物情况、高压线、高架线等影响构件运输、吊装工作的因素,现场临时道路宽度、坡度、地基情况、转弯半径均应满足起重设备、构配件运输要求,并预先考虑卸料吊装区域、场区内车辆交汇、掉头等问题。

本工程在邻近 2#楼的场区东北角设置出入口,缩短构件运输距离,规避施工道路对运输的影响,道路宽 6 m,满足车辆交汇等问题,在构件存放场区边设置卸车区域、车辆掉头区域。

本工程施工现场平面布置见图 8-10。

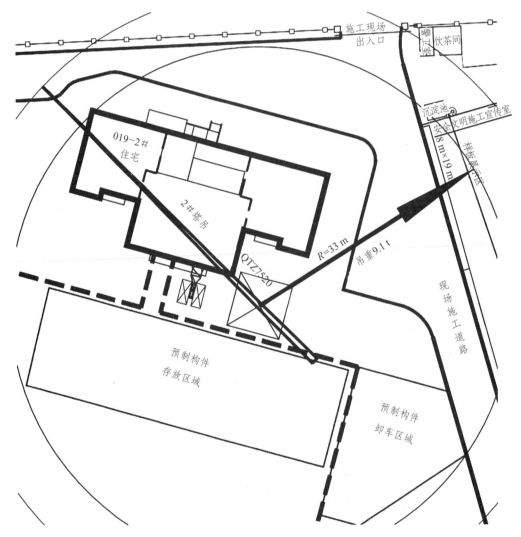

图 8-10 施工现场平面图

8.5.2 施工机械策划

（1）起重机械选择。

本工程最重外墙构件为 7.85 t，塔身距最重构件的最远安装距离为 31.5 m，距该构件存放位置为 15 m，距卸车位置为 23 m；最重楼梯构件为 4 t，塔身距楼梯构件最远安装距离为 21 m，距楼梯存放位置为 15 m，距卸车位置为 23 m。选用一台 QTZ7520 塔吊截臂为 40 m，塔臂 33 m 位置最大吊重 9.1 t，塔臂覆盖了整个吊装作业区、构件存放场、卸料区等，满足施工需求。塔吊锚固尽量选在现浇节点位置以保证安全。本工程塔吊东侧锚固，由于位置限制，采用在相邻两现浇节点部位架设钢梁的锚固方式。

大型机械需选择有资质的租赁、安装单位，安装单位编制塔吊安装、拆除安全专项施工方案，由安装单位技术负责人审批，签字盖章有效，施工单位技术负责人审核。

（2）垂直运输设备选择。

选择施工升降机作为装修材料垂直运输设备，运输设备位置选择需尽量靠近主要运输道路及材料存放场区，升降机固定选择在主体结构现浇节点位置。本工程施工升降机安装取消了双排平台架，轿厢安装后与南侧阳台仅 250 mm。

8.5.3 施工机具选择

（1）墙体预制构件存放架。

预制墙体构件应按存放受力状态与安装受力状态一致的原则存放，预制墙体构件竖直存放，搭设预制构件存放架存放。应根据墙体形状、尺寸不同设计预制墙板支架，编制专项方案，计算架体强度、刚度及稳定性，并设置防磕碰、防下沉的保护措施，符合要求后方可使用。

本工程预制构件存放架采用钢管脚手架搭设，底部用 12 号槽钢作基础底座，设计插板架子时尽量满足较重构件在插板架中间位置，确保插板架自身稳定。本工程预制构件存放架立面图见图 8-11。

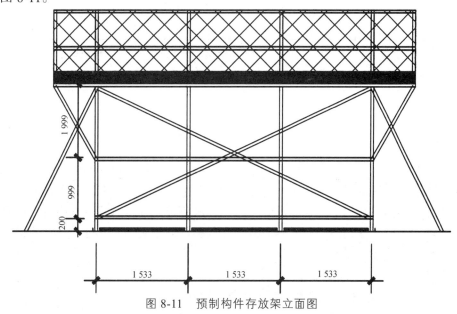

图 8-11 预制构件存放架立面图

（2）预制构件运输固定架。

预制构件运输根据其安装状态受力特点，制定有针对性的运输措施，保证运输过程中构件不受损坏，车上设专用运输架，并采取用钢丝加紧固器等措施绑扎牢固，防止构件运输受损，车辆行驶应平缓均匀，禁止急停急起。

（3）预制构件吊装安装机具。

① 构配件吊装梁。

预制构件尺寸定制吊装梁系根据各类预制构件吊点尺寸定制。在预制构件吊点设计中尽量选择同尺寸或同模数关系的吊点位置，以便现场施工。不同构件对应钢梁上不同孔位进行吊装。

吊装梁设计需经过吊装体系验算，根据构件吊重，确保钢梁稳定性、焊缝强度、钢丝绳抗拉强度满足要求，如图 8-12。

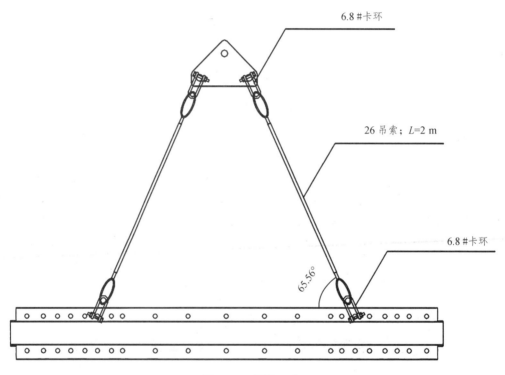

图 8-12　吊装示意

② 安装支撑工具选择。

预制构件安装工具选用工具式可调节钢管支撑就位，通过支撑杆调节保证预制构件安装质量。预制墙板斜支撑结构由支撑杆与 U 形卡座组成。其中，支撑杆由正反调节丝杆、外套管、手把、正反螺母、高强销轴、固定螺栓组成，调节长度根据布置方案确定，然后定型加工。该支撑体系用于承受预制墙板的侧向荷载和调整预制墙板的垂直度。预制墙板斜支撑结构构造如图 8-13、图 8-14 所示。

③ 灌浆机具。

本工程选用 JM-GJB-5 型灌浆泵，其主要参数如表 8-10 所示：

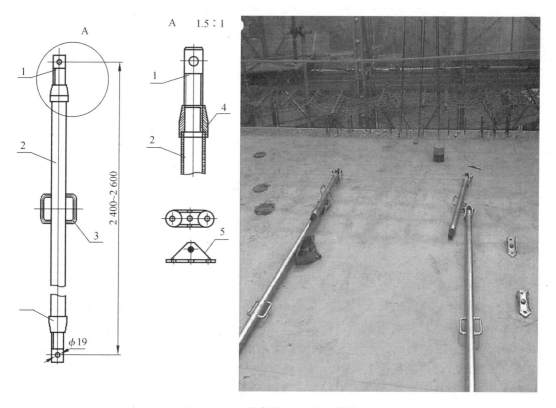

图 8-13　支撑构件平面图及实物图

1—正反调节丝杆；2—外套管；3—手把；4—正反螺母；5—U 形卡座

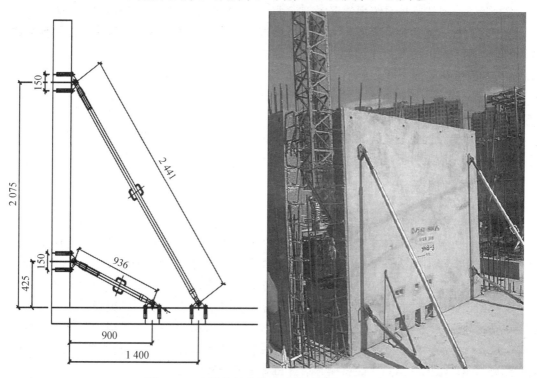

图 8-14　支撑构件定位示意图（单位：mm）

表 8-10 灌浆泵参数

产品型号	JM-GJB5 型
使用范围	骨料粒径 2 mm 以下的各种水泥砂浆灌注作业
电　源	电压/频率：3P，380 V/50 Hz；功率：0.55 kW；电机转速 1 400 r/min
额定流量	大于等于 5 L/min
额定压力	1.2 MPa
泵芯转速	24 r/min
料斗容积	25 L
外形尺寸	长×宽×高：65 cm×35 cm×75 cm
质　量	70 kg

④ 模板体系选择。

对于墙体的模具选择，本工程节点区模板支撑体系初始选择的为 86 系列大钢模板，刚度大，能有效地保证节点施工质量，但在塔吊使用时间上影响预制构件吊装作业，故本工程 14 层后尝试用铝制模板代替大钢模板，并采用墙顶同时浇筑的施工工艺。铝制模板质量轻、刚度好、拼装简易、拆除方便，能降低模板工程塔吊使用时间、提升塔吊利用效率、缩短工期，有效提升了装配式结构工程施工效率。

对于顶板支撑体系的选择，本工程顶板模板支撑采用独立支撑体系，通过对顶板支撑位置调整与墙体斜撑位置策划，确保顶板支撑与墙体斜撑互不影响，保证施工顺利进行。叠合板独立支撑体系需进行验算。

叠合板下工具式支撑系统由铝框木工字梁、木梁托座、独立钢支柱和稳定三脚架组成。

独立钢支柱，主要由外套管、内插管、微调节装置、微调节螺母等组成，是一种可伸缩微调的独立钢支柱，主要用于预制构件水平结构作垂直支撑，能够承受梁板结构自重和施工荷载。内插管上每间隔 150 mm 有一个销孔，可插入回形钢销，调整支撑高度。外套管上焊有一节螺纹管，同微调螺母配合，微调范围为 170 mm。本工程独立钢支柱的可调高度范围是 2.53～3.00 m；单根支柱可承受的荷载为 25 kN。

折叠三脚架：折叠三脚架的腿部用薄壁钢管焊接做成，核心部分有 1 个锁具，靠偏心原理锁紧。折叠三脚架打开后，抱住支撑杆，敲击卡棍抱紧支撑杆，使支撑杆独立、稳定。搬运时，收拢三脚架的三条腿，手提搬运或码放入箱中集中吊运均可。稳定三脚架平面展开示意如图 8-15 所示。

⑤ 爬架策划。

由于装配式施工外墙体系特点，预制外墙外檐装饰只需进行腻子、底漆、面漆施工，为合理优化工期，提前插入外檐施工，选择附着式升降脚手架，利用爬架覆盖 4 个层的特点，在不影响结构施工的前提下，可实现外檐装饰立体穿插施工。

在爬架设计之前，技术人员应对施工图纸进行详细分析，了解与爬架设计相关的信息。主要包括：建筑物结构形式，建筑物平面外形特征，有无悬挑梁、悬挑板、飘窗等突出外墙构件，层高、总高、外装修及屋面做法等。对图纸中以上信息的研究是进行爬架设计的基础，只有充分掌握以上图纸信息才能将爬架设计得更加符合实际。

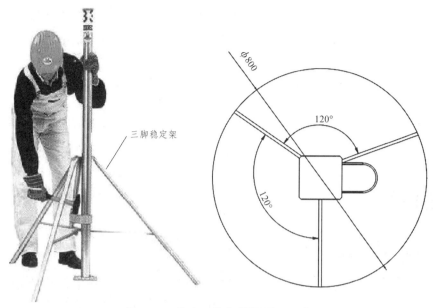

图 8-15　稳定三脚架平面展开示意

　　分析完图纸之后拟定主要施工方法，包括确定爬架使用部位、划分施工段落、模板选型、确定吊装方案、穿插施工等。全装配式结构施工现场有大量吊装作业，主要包括预制叠合板、预制阳台、预制楼梯、预制内墙、预制外墙、预制装饰板等吊装作业。爬架平面设计与使用要与吊装作业施工充分结合。

　　附墙支座安装在预制外墙上，预留孔洞根据爬架深化设计图纸在预制外墙上预留。由于全装配式外墙 PC 板结构带保温，保温及保护层强度相对较低且易受损，为避免后期出现修补工作，影响爬架提升时间造成的工期延误，故附墙支座处应对外墙保温及保护层进行保护，在附墙支座外墙侧加装钢垫板，如图 8-16。

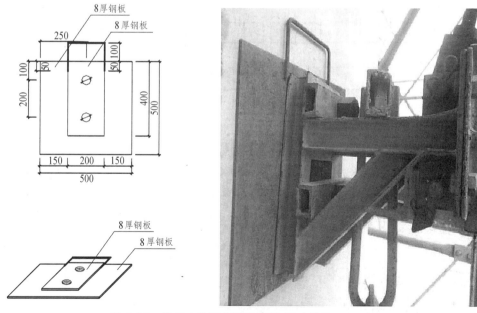

图 8-16　附墙支座示意图和实物图（单位：mm）

利用爬架进行外檐穿插施工时，要满足外檐孔洞封堵、外檐腻子、底漆等工序施工与结构施工同步或小于结构施工时间，尤其封堵爬架附墙支座孔洞时要在最底部附墙支座拆除后至爬架提升前完成。

在作业层结构施工的同时，结构施工层下一层进行模板、圈边龙骨等孔洞封堵（除爬架附墙件孔洞），在结构施工层下二层进行孔洞防水施工、外墙腻子施工，在结构施工层下三层进行爬架附墙件孔洞封堵及外墙底漆施工，随结构施工完成进行爬架提升，形成立体穿插循环施工。

8.6 深化设计

8.6.1 深化设计流程

设计者在设计工业化建筑的时候，会从结构安全性、建筑美观性及使用功能方面考虑工业化建筑的构件设计，但不会或很少考虑构件在施工方面的需求。深化设计就是为了便于施工，满足预制构件在生产、吊装、安装等方面的需求所做的一项辅助设计工作。深化设计的目的是实现设计者的最终意图，让设计方案具有更好的可实施性。本工程深化设计流程见图 8-17。

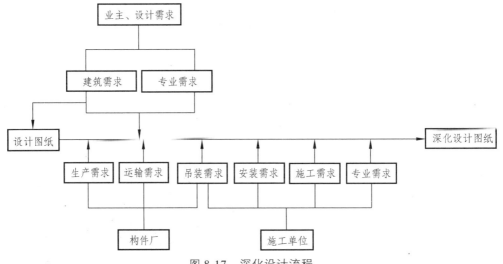

图 8-17　深化设计流程

回龙观 019 项目工业化住宅目前为北京市最高的装配式剪力墙结构住宅楼，应用了预制外墙板、预制内墙板、预制叠合板、预制空调板、预制阳台板、预制楼梯、预制楼梯隔墙板、预制装饰挂板、PCF 板、预制分户板、预制女儿墙等预制构件。

本工程主要针对上述 8 类构件，从预埋预留、配件工具、水电配合及施工措施角度出发，对构件进行深化设计。

8.6.2 预留预埋深化设计

预留预埋件项目见图 8-18。

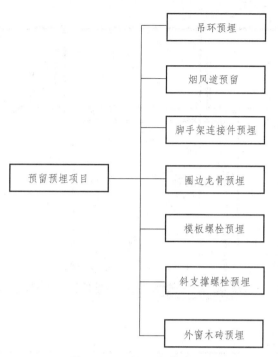

图 8-18　预埋预留件项目

（1）吊环预埋。

通过设计核算受力，利用叠合板上的桁架筋代替原有叠合板上单独设立的吊环，这样可以在生产叠合板时减少一道预埋吊环的工序，同时也可省掉吊环的材料成本，如图 8-19、图 8-20 所示。

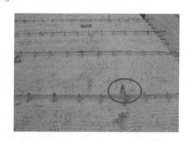

图 8-19　单独设立吊环　　　　图 8-20　利用桁架筋取代吊钩

（2）烟风道孔洞预留。

烟风道在叠合板上的预留洞口尺寸要比烟风道的外轮廓尺寸大 5 cm 以上，以便于安装，见图 8-21。

（3）附着式升降脚手架连接件预留孔洞深化。

本项目工业住宅建筑用附带式吊装脚手架，脚手架的连接导向座在外墙上留有 50 cm 直径的孔，工程 2＃住宅楼每层预制外墙需预留此孔。在孔深加工设计过程中，需要咨询设计、脚手架制造商，解决预制墙应力、孔位精度、孔壁和预留钢筋或其他专业储备嵌入冲突的问题。例如：在加深设计导向孔和电气箱的冲突时，既要结合专业设计和专业工程师，又要结合攀岩架厂家技术人员，通过调整电气箱位置或调整导轨来解决冲突座位位置。这反映在更专业的交叉深化设计中，只有协调深化专业需求的设计才能做到没有出错的危险。

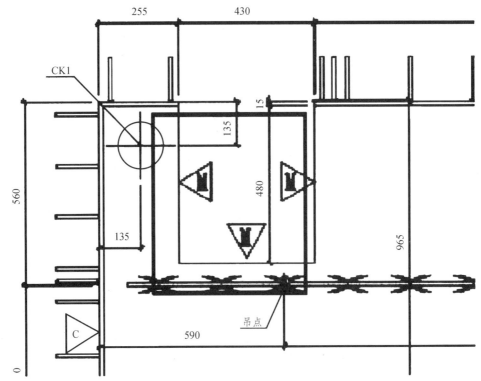

图 8-21　预留烟风道口示意

（4）墙顶圈边预留洞深化。

本工程预制墙体与预制叠合板搭接处存在 5 cm 高差（图 8-22 中云线所圈），利用对拉螺栓及木质圈边龙骨做模板浇筑此部分混凝土，圈边龙骨螺栓的间距及模板通过计算后确定，进行深化。

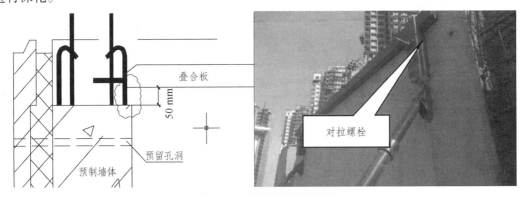

图 8-22　圈边预留洞示意

（5）模板对拉螺栓连接预留孔洞深化。

现浇结构模板预制墙之间保留螺栓孔，根据制造商的模板构造方案，确定模板螺栓孔的位置和直径，图纸保留在深化部件工厂的工作中，见图 8-23。

（6）斜支撑预埋螺栓深化。

预制墙体均有 4 道斜支撑的套筒需要留置在墙体内，套筒长度为 80 mm、内径为 20 mm，由专业厂家将斜支撑平面布置提供给设计院，设计人员负责进行复核，见图 8-24。

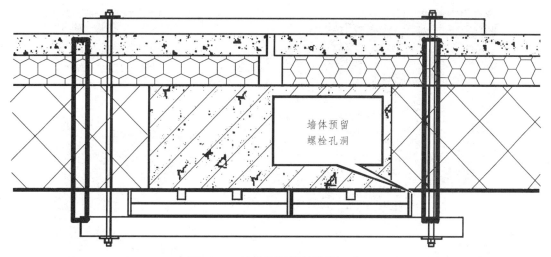

图 8-23　墙体预留螺栓孔洞示意

图 8-24　预埋螺栓深化

（7）外窗木砖深化。

预制墙窗不需要安装辅助框架，采用桥梁铝合金方法在窗框主框架和墙体嵌入块之间直接与固定主框架连接，见图 8-25。

两根钢筋固定木砖位置

图 8-25　外墙木砖深化

8.6.3　专业配合深化设计

（1）叠合板专业配合深化设计。

叠合板内需要有多种电盒及水电专业所需预留孔洞，电盒型号及预留洞位置的准确性尤为重要，尤其要结合精装施工图对叠合板进行深化。

本工程由于精装施工图出图时间较晚，个别水电专业电盒预留位置有误，造成后期剔凿，浪费人工和工期。

（2）预制墙体专业配合深化设计。

预制外墙和内墙的水电专业预理预留项目较多，例如电盒、新风洞口、水槽、管线槽等，包含了水暖、电气、通风、设备等多个专业，在深化设计过程中需要多个专业的参建各方共同讨论确定方案，避免相互冲突。

8.6.4　施工措施深化设计

（1）叠合板防漏浆深化。

根据以往工程经验，叠合板板带浇筑时，由于模板无法与叠合板板底接触严密，时常出现漏浆现象。为解决此问题，本工程通过在制作叠合板时，将板边做出 50 mm×5 mm 内凹企口，解决了现浇板带漏浆的问题，如图 8-26。

（2）墙边防漏浆企口深化。

为解决预制内外墙体与现浇节点或现浇内墙接槎处出现漏浆现象，在预制墙体生产前，与构件厂、设计沟通，在预制墙体边缘设置 30 mm×8 mm 的内凹型企口，在混凝土浇筑时能保证现浇混凝土的浆料不漏至预制墙体墙面处，有效地防止了漏浆现象出现。

（3）临时固定钢梁。

本工程有门洞口的预制内墙，为了在吊装、安装过程中防止墙体在平面范围内变形，预制墙内生产时在门洞口两侧预埋套筒，在预制墙体吊装前利用预埋套筒固定临时钢梁，防止预制墙体在运输和吊装过程中发生变形。

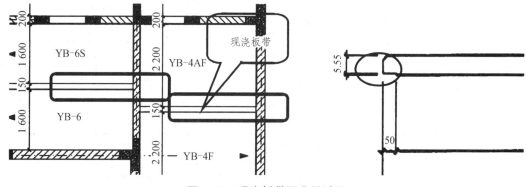

图 8-26　现浇板带深化设计图

8.7　施工质量验收

8.7.1　材料进场检验

为进一步加强对材料进场检验、验收的有效控制，保证材料质量符合规范及国家相关法律法规要求，在施工前项目部建立完善的原材料、半成品、成品及设备等物资进场检验、验收制度，并在施工过程中严格执行。

（1）预制构件进场验收。

预制构件进入现场后由项目部材料部门组织有关人员进行验收，对预制混凝土构件的标识、外观质量、尺寸偏差以及钢筋灌浆套筒的预留位置、套筒内杂质、注浆孔通透性等进行检验，同时应核查并留存预制构件出厂合格证、出厂检验用同条件养护试块强度检验报告、灌浆套筒型式检验报告、连接接头抗拉强度检验报告、拉接件抗拔性能检验报告、预制构件性能检验报告等技术资料，未经验收或验收不合格的构件不得使用。

为保证预制构件不存在有影响结构性能和安装、使用功能的尺寸偏差，在材料进场验收时应利用检测工具对预制构件尺寸项进行全数、逐一检查；同时在预制构件进场后对其受力构件进行受力检测。预制构件尺寸检查项、质量标准及检测方法如表 8-11 所示：

表 8-11　预制构件尺寸检查标准

项目		允许偏差/mm	检验方法
长度		±3	钢尺检查
宽度、高（厚）度		±3	钢尺量一端及中部，取其中较大值
预埋件	中心线位置	5	钢尺检查
	安装平整度	3	靠尺和塞尺检查
预留孔、槽	中心位置	5	钢尺检查
	尺寸	0，5	钢尺检查

项目		允许偏差/mm	检验方法
预留吊环	中心位置	5	钢尺检查
	外露长度	0，10	钢尺检查
钢筋保护层厚度		+5，−3	钢尺检查
表面平整度		3	2 m 靠尺和塞尺检查
预留钢筋	中心位置	3	钢尺检查
	外露长度	0，5	钢尺检查

在预制构件进场验收时对吊装预留吊环、预留栓接孔、灌浆套筒、电气预埋管、盒等外观质量进行全数检查，对检查出存在外观质量问题的预制构件，可修复且不影响使用及结构安全的，按照专项技术处理方案进行处理，其余不得进场使用。外观质量检查项、质量标准及检测方法详见表 8-12：

表 8-12　外观质量检查标准

项目		允许偏差/mm	检验方法
预留连接钢筋	中心位置	3	钢尺检查
	外露长度	0，5	钢尺检查
预埋灌浆套筒	中心位置	2	钢尺检查
	套筒内部	未堵塞	观察检查
预埋件（安装用孔洞或螺母）	中心位置	3	钢尺检查
	螺母内壁	未堵塞	观察检查
桁架钢筋高度		0，5	钢尺检查
与后浇部位模板接槎范围表面平整度		2	2 m 靠尺和塞尺检查

（2）所有材料进场验收。

① 螺栓及连接件进场验收。

装配式结构采用螺栓连接时应符合设计要求，并应符合现行国家标准《钢结构工程施工质量验收规范》（GB 50205—2001）及《混凝土用机械锚栓》（JG/T 160—2017）的相关要求。

② 灌浆材料及坐浆材料进场验收。

钢筋套筒灌浆连接接头采用的灌浆料应符合现行行业标准《钢筋连接用套筒灌浆料》（JG/T 408—2013）的规定。以每层为一检验批，每工作班应制作一组且每层不少于三组 40 mm×40 mm×160 mm 的灌浆料试块，标准养护 28 d 后进行抗压强度检测试验，以确定灌浆料强度。

③ 外墙密封胶进场验收。

密封胶应与混凝土具有相容性，以及规定的抗剪切和伸缩变形能力；密封胶尚应具有防霉、防火、防水、耐候等性能；硅酮、聚氨酯、聚硫建筑密封胶应分别符合国家现行标准《硅酮和改性硅酮建筑密封胶》（GB/T 14683—2017）、《聚氨酯建筑密封胶》（JC/T 482—2003）、《聚硫建筑密封胶》（JC/T 483—2006）的规定。

④ 钢筋定位钢板进场验收。

钢筋定位钢板是在叠合板混凝土浇筑前、后以及预制墙体安装前对待插入预制墙体的竖向钢筋进行定位的重要措施，在施工前项目部将根据设计图纸对不同墙体及不同安装部位的钢筋定位钢板进行设计，并进行制作。制作完成后，在使用前对不同部位所使用钢筋定位钢板的平面尺寸、孔洞大小、孔洞位置进行检查，使之符合使用要求。

8.7.2 预制构件的安装与验收

（1）二次放线。

为满足装配式剪力墙结构在预制构件安装与验收阶段的位置校验需求，在结合装配式剪力墙结构施工特点后，分别在预制内墙、预制外墙、预制叠合板、预制阳台、预制楼梯等构件安装工序前进行二次放线，即在圈边龙骨、叠合板和现浇顶板上、内外墙预制构件上、楼梯休息平台上、楼梯间竖向墙体上分别在预制构件安装处于水平方向及垂直方向设置位置参照线，以保证构件安装质量。

（2）预制构件安装及验收标准。

独立支撑及阳台支撑按照支撑方案就位，外施队自检合格后由项目部组织人员进行检验，验收结果不合格则不允许安装。

圈边龙骨根据模板方案固定就位，外施队自检合格后由项目部组织人员进行检验，验收结果不合格则不允许安装。

根据预制构件安装部位不同，设置控制线，要求叠合板控制线在墙体上弹借线，水平位置控制在墙体上弹实线；预制阳台及预制空调挑板标高与水平位置控制线在墙体上设置，预制楼梯两侧位置控制线及标高设置在休息平台上，前后方向控制线设置在墙体上。在弹线完毕后要求项目部组织人员进行检验，并由监理人员进行监督。

在构件就位后，应先调整水平位置，再调整标高。检验标准如表 8-13 所示：

表 8-13 预制构件安装检查表

项 目	允许偏差/mm	检验方法
预制构件水平位置偏差	5	基准线和钢尺检查
预制构件标高偏差	±3	水准仪或拉线、钢尺检查
预制构件垂直度偏差	3	2 m 靠尺或吊垂
相邻构件高低差	3	2 m 靠尺和塞尺检查
相邻构件平整度	4	2 m 靠尺和塞尺检查
板叠合面	未损害、无浮尘	观察检查

预制阳台及预制空调挑板的位置调整，需先对水平与墙体方向上的误差进行调整，后对构件与墙体之间的位置距离进行调整，选择构件上两侧的桁架筋或选择两侧吊环，利用固定螺栓将丝杆一端固定在所选的桁架筋或吊环上，另外一端穿过外墙上部的钢筋，利用两根48 钢管、大雁卡及紧固螺栓将丝杆固定，通过旋紧紧固螺栓，缩小构件距墙边的距离，允许误差 5 mm；标高则利用阳台支撑体系中的螺杆进行调整，允许误差 5 mm。

预制楼梯安装就位后，利用撬棍进行位置调整，需先进行前后调整，后进行两侧左右调整，允许误差 5 mm。

预制墙体安装前，先利用水平仪与塔尺对预制构件安装位置进行找平（表 8-14）。找平点根据不同墙体设置 4～6 个找平点，找平材料使用预埋螺杆；位置控制线在地面上设置，要求弹线准确并清晰可辨。

表 8-14 预制墙板安装质量检查标准

项目	允许偏差/mm	检验方法
单块墙板水平位置偏差	5	基准线和钢尺检查
单块墙板顶标高偏差	±3	水准仪或拉线、钢尺检查
单块墙板垂直度偏差	3	2 m 靠尺
相邻墙板高低差	2	2 m 靠尺和塞尺检查
相邻墙板拼缝空腔构造偏差	±3	钢尺检查
相邻墙板平整度偏差	4	2 m 靠尺和塞尺检查
建筑物全高垂直度	$H/2\,000$	经纬仪检测

利用"定位钢板"及控制线调整钢筋位置，要求钢筋位置准确，且顺直朝上。

预制墙体就位后，预制墙体未摘钩前对照控制线利用测量工具对墙体位置进行检查，水平位置允许误差不超过 5 mm，当误差大于 5 mm 时，将预制墙体吊起并重新校验钢筋位置；在预制墙体就位拆钩后利用斜撑对墙体的垂直度进行调节，垂直度的允许误差不大于 5 mm。

（3）钢筋套筒灌浆连接。

钢筋套筒灌浆连接由项目主任工程师审批、标注、编制影像资料留置计划，要求重点部位均有影像资料留存，以满足产品的可追溯性。

预制墙体进场时，项目管理人员需对预制墙板中预埋的灌浆套筒及注浆孔进行百分之百的逐一检查，确认其通畅无杂物，检查合格后方能进场。

预制墙体进场时，应由构件生产厂家提供套筒隐蔽工程验收资料及检验报告。

构件安装前，应检查构件待连接钢筋的伸出长度，保证伸入套筒的钢筋长度达到 $8d$（d 为公称直径）；同时利用定位钢板复查钢筋排距、位置，并用肉眼观察钢筋是否竖直向上，防止插入钢筋贴靠筒壁。

在进行钢筋套筒灌浆连接施工时，为保证灌浆密实饱满，灌浆操作全过程应有专职质检员负责旁站，监理人员监督，在对其进行全数检查的同时及时形成施工质量检查记录。

（4）预制构件防水节点质量验收。

预制构件拼缝处防水材料应符合设计要求，并具有合格证及检测报告，必要时提供防水密闭材料进场复试报告。

预制构件拼缝防水节点基层应符合设计要求。

在 PC 外墙水平接缝处后期打胶时，胶缝应横平竖直、饱满、密实、连续、均匀、无气泡，宽度与深度均应符合设计要求。

预制构件拼缝防水节点空腔排水构造应符合设计要求。

为保证外墙板接缝处防水性能符合设计要求，每 1 000 m² 外墙面积划分为一个检验批，不足 1 000 m² 时也划分为一个检验批；每个检验批每 100 m² 抽查一处进行现场淋水试验且试验面积不小于 10 m²。

8.7.3 现浇结构的检验标准

（1）模板与支撑安装。

装配式结构模板安装的偏差规定如表 8-15 所示：

表 8-15 模板安装偏差标准

项目		允许偏差/mm	检验方法
轴线位置		5	钢尺检查
底模上表面标高		±5	水准仪或拉线、钢尺检查
截面内部尺寸	基础	±10	钢尺检查
	柱、墙、梁	+4，−5	钢尺检查
层高垂直度	不大于 5 m	6	经纬仪或吊线、钢尺检验
	大于 5 m	8	经纬仪或吊线、钢尺检验
相邻两板表面平整度		2	钢尺检查
表面平整度		5	2 m 靠尺和塞尺检查

当混凝土强度达到设计要求时，可以去除底部模板和支撑；当设计没有具体要求时，同样条件的试件的混凝土立方体抗压强度应符合表 8-16 规定。

表 8-16 底模拆除时的混凝土强度要求

构件类型	构建跨度/m	达到设计混凝土强度等级值的百分率/%
板	≤2	≥50
	>2，≤8	≥75
	>8	≥100
梁、拱、壳	≤8	≥75
	>8	≥100
悬臂结构		≥100

在拆除侧模板时，混凝土的强度应确保表面和边缘和角部不会损坏。

当移除模板时，在地板上不形成冲击荷载。拆除的模板和脚手架应分散堆放、清理干净并及时运走。

拆除具有多层楼板的连续模板的底托的时间应根据荷载的分布和混凝土强度的增长来确定。

（2）钢筋质量检验和标准。

钢筋采用机械连接时，其接头质量应符合现行行业标准《钢筋机械连接技术规程》JGJ 107 的有关规定。

检查数量应符合现行行业标准《钢筋机械连接技术规程》JGJ 107 的有关规定。

检验方法为检查钢筋机械连接施工记录及平行试件的强度试验报告。

钢筋采用焊接连接时，其焊缝的接头质量应满足设计要求，并应符合现行行业标准《钢筋焊接及验收规程》JGJ 18 的有关规定。

检查数量应符合现行行业标准《钢筋焊接及验收规程》JGJ 18 的有关规定。

检验方法为检查钢筋焊接接头检验批质量验收记录。

（3）混凝土浇注质量。

装配式混凝土结构采用后浇混凝土连接时，构件连接处后浇混凝土的强度应符合设计要求。

检验方法应符合现行国家标准《混凝土强度检验评定标准》GB/T 50107 的有关规定。

钢筋采用套筒灌浆连接、浆锚搭接连接时，灌浆应饱满、密实，所有出口均应出浆。

应全数检查灌浆施工质量检查记录、有关检验报告。

钢筋套筒灌浆连接及浆锚搭接连接用的灌浆料强度应符合国家现行有关标准的规定及设计要求。

检查数量为按批检验，以每层为一检验批；每工作班应制作 1 组且每层不应少于 3 组 40 mm×40 mm×160 mm 的长方体试件，标准养护 28 d 后进行抗压强度试验。

检验方法为检查灌浆料强度试验报告及评定记录。

预制构件底部接缝座浆强度应满足设计要求。

应按批检验，以每层为一检验批；每工作班同一配合比应制作 1 组且每层不应少于 3 组边长为 70.7 mm 的立方体试件，标准养护 28 d 后进行抗压强度试验。

应检查坐浆材料强度试验报告及评定记录。

（4）主要文件及记录。

装配式混凝土结构验收时，除应按现行国家标准《混凝土结构工程施工质量验收规范》，（GB 50204—2015）的要求提供文件和记录外，尚应提供下列文件和记录：

① 工程设计文件、预制构件制作和安装的深化设计图。

② 预制构件、主要材料及配件的质量证明文件、进场验收记录、抽样复试报告。

③ 预制构件安装施工记录。

④ 钢筋套筒灌浆连接的施工检验记录。

⑤ 后浇混凝土部分的隐蔽工程检查验收文件。

⑥ 后浇混凝土、灌浆料、坐浆材料强度检测报告。

⑦ 外墙防水施工质量检验记录。

⑧ 装配式结构分项工程质量验收文件。

⑨ 装配式工程的重大质量问题的处理方案和验收记录。

⑩ 装配式工程的其他文件和记录。

8.8 装配式施工管理效率分析

本工程 2# 全装配式住宅楼采用了预制外墙、预制内墙、预制叠合板、预制楼梯、预制隔墙板、预制阳台、预制装饰板、预制女儿墙 8 类预制构件，通过装配式施工的策划、实践、分析、总结，对装配式混凝土结构的全过程进行成本管理、进度管理、质量管理和安全管理，实现装配式工程施工全过程的跟踪和控制，满足了绿色施工过程中"四节一环保"的要求，具体表现如下：

（1）根据工程特点顶板支撑采用独立支撑体系。

各住宅楼均采用预制叠合板，支撑体系选择使用独立支撑体系，与传统现浇楼板使用的碗口式支撑体系相比，大大减少了模板、龙骨、碗扣架、人工用量，保障了支撑体系的安全性，实现了工程的低成本管理和高安全性管理。

在施工前，与设计、厂家按照不同叠合板规格，对独立支撑进行排布，保障工程的施工进度，在受力合理的情况下尽可能加大立杆间距，优化支撑布置方案，在保障支撑体系的安全性前提下实现成本管理，如图 8-27。

图 8-27　独立支撑体系

独立支撑体系只需要立杆、铝合金梁支撑叠合板且立杆间距大，无须横杆连接，人工安装方便；1#～5#楼采用独立支撑体系比传统碗扣支撑共节省材料、人工费 1 242 451 元。

（2）圈边龙骨采用木托架。

设计时，墙体顶部与预制叠合板顶部存在 5 cm 间隙。该部位模板采用 50 mm×100 mm 木方以及 15 mm 厚木质多层板制作。

通过考察其他工业化项目的施工，有采取碗口架斜向支顶的，也有采取图 8-28 方式支顶的，现浇部位利用穿墙螺栓孔，预制墙体部位使用木方落地斜撑。

图 8-28　木质模板支架

在借鉴图 8-28 方法的基础上进行优化改进，使用 100 mm×100 mm 木方制作木质托架。在预制构件上与现浇部位最上排模板螺栓孔等高的位置，预留孔洞或套筒，利用这些孔洞和套筒固定木托架并支撑圈边龙骨。

如此使用新型木托架对圈边龙骨固定，使用的木材量为原借鉴方案木材使用量的 57%，总计节省木材 54.6 m，在兼顾质量和安全的情况下降低了成本，对成本在设计初期进行了管理控制，减少或规避了施工过程中出现的风险。

（3）采用预制楼梯实现进度管控和成本管控。

回龙观 019 地块住宅及商业金融项目 1#～5#住宅楼室内地上楼梯（2#楼 3 层～27 层）均

为预制楼梯，相比于传统现浇楼梯，预制楼梯产生人工吊装及成品保护多层板材料费用，节省了现浇做法施工过程中产生的钢筋绑扎、模板安装发生的人工费用及木方材料费、多层板材料费、架模具租赁费用等。同时，预制楼梯可以在工厂提前制造，不耽误工程总工期，有效规避了因现浇楼梯延误工期的风险。

预制楼梯吊装与现浇楼梯施工相比共节省费用 287 616 元。

（4）回龙观 019 地块 2#楼内外墙构件。

2#装配式住宅楼从地上 7 层开始使用预制内墙和外墙，少量内墙和连接节点为现浇结构，比全现浇结构节省了模板用量，缩短了工期，实现了进度控制和成本控制。

（5）预制构件存放管理。

根据施工进度计划编制构件进场计划，每次进场构件满足结构施工一层的使用量，施工现场不囤积大量构件，节省施工用地。

预制构件存放场地位置应对构件质量、塔吊有效吊重、场地运输条件进行综合考量；存放场地选择在塔吊一侧，避免隔楼吊装作业；构件存放场地大小根据流水段划分情况、构件尺寸、数量等因素确定，每流水段至少存放一段预制构件，构件存放符合要求；构件存放场地应平整、坚实，且有足够的地基承载力，并应有排水措施；竖向构件存放按吊装顺序及流水段配套摆放，插置于墙板专用堆放架上，保证构件堆放有序，存放合理，确保构件起吊方便、占地面积最小。构件存放场区应进行封闭管理，做明显标识及安全警示，严禁无关人员进入。传统预制墙体独立存放架造价高、存放占地面积大；为了解决占地和造价问题，项目在预制墙体进场前自行设计了预制墙体插板架将预制墙体集中放置，如图 8-29。

图 8-29　预制构件整体存放架

采用预制墙体存放架施工用地面积约 240 m², 独立存放架用地面积约 550 m², 节省用地面积 310 m²。整个存放场地只需要约 600 m² 就足以存放下 2#楼所有预制构件。

采用预制墙体存放架材料及人工费约为 31 357 元，独立存放架材料及人工费约为 42 755 元，节省费用 11 398 元。

（6）图纸深化设计。

2#楼地上 7 层开始使用预制外墙，由于预制外墙窗口尺寸精准，无须安装副框，只需在窗口处预埋木砖安装主框即可，减少了副框材料及安装成本，缩短了项目整体工期。

2#楼 7 层～27 层节省副框安装费用共计 571 200 元。

通过设计核算受力，利用叠合板上的桁架筋代替原有叠合板上单独设立的吊环，这样可以在生产叠合板时减少一道预埋吊环的工序，同时也可省掉吊环的材料成本。叠合板和现浇节点浇筑后外观见图 8-30。

1#楼、5#楼单层节省钢筋 274 m，2#楼单层节省钢筋 175 m，3#楼、4#楼单层节省钢筋 137 m。总计节省钢筋 26 721 m，约 10.6 t。

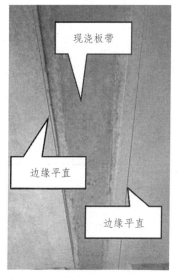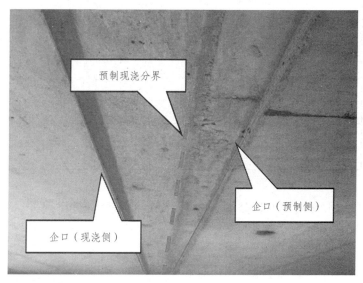

图 8-30　叠合板和现浇节点浇筑后外观

（7）回龙观 019 地块 2#住宅楼无外梯平台架。

传统外梯需在外梯与结构窗洞或阳台之间搭设外梯平台架，项目针对 2#楼的外檐特点，不搭设平台架，外梯安装后与结构阳台之间 200 mm 间隙简单搭设临边防护（图 8-31），在保障安全的条件下降低了工程成本，节省平台架搭设、拆除的材料和人工费用共计 17 435 元。

图 8-31　2#楼和普通住宅楼无外梯平台架

（8）回龙观 019 地块 2#住宅楼用工管理。

2#楼涉及的施工工种主要为：钢筋工、木工（含吊装工）、架子工、混凝土工、灌浆工、测量工、大模板工。其与传统现浇楼单层施工用工量对比见表 8-17。

表 8-17　单层施工用工量对比

工种	2#装配式住宅楼/人	现浇住宅楼/人	降低率	人工单价/元
钢筋工	7	15	53.3%	220～300
木工	8	15	20%	220～300
架子工	2	5	60%	220～300
混凝土工	8	12	33.3%	220～300
灌浆工	4	—	-100%	220～300
大模板工	4	6	66.67%	220～300
测量工	3	3	—	220～300

注：水电专业用工按相同考虑。

由表 8-17 对比分析知：2#装配式住宅楼单层用工人数 36 人，同面积的现浇住宅楼用工人数 56 人；2#楼节省用工量 64.29%。

（9）施工用水管理。

由于 2#住宅楼采用预制构件，混凝土养护、车辆冲洗用水及楼层其他用水大量减少。2#住宅楼及相似现浇住宅楼对比，节省用水 343 t（图 8-32）。

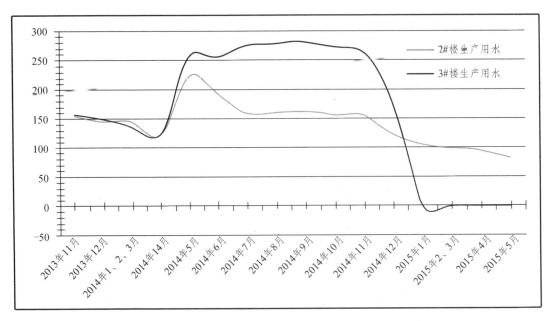

图 8-32　2#住宅楼与现浇住宅楼生产用水对比

（10）回龙观 019 地块 2#住宅楼穿插施工计划管理。

针对装配式结构工程构件安装精度高、外墙为预制保温夹心板、湿作业少等特点，从优化工序、缩短工期的目的出发，利用附着式升降脚手架、铝合金模板、施工外电梯提前插入，设置止水、导水层等工具或方法，使结构、初装修、精装修同步施工，实现了从内到外、从上到下的立体穿插施工。

首先从施工图纸中明确主要施工项目的工程量，然后再根据整体工期要求（充分考虑冬期、雨期施工）确定关键节点工期时间。

采用附着式升降脚手架，同步提升速度快，不占用塔吊吊次，解放出塔吊进行构件吊装。

采用铝模体系，实现墙顶同步浇筑，减少拆模时间及塔吊占用，墙顶平整度高，实现免抹灰，材料轻便，通过楼板预留洞实现上下传递运输，减少吊次占用，使用独立支撑快拆体系，占用空间小，便于后续工序插入。

墙体及暗柱钢筋在吊装墙体构件期间穿插进行。

现浇节点钢筋隐检按节点验收，极早插入支模，降低组织间歇。

根据总工期要求及结构、初装、精装工期形成总控网络计划。

总控网络计划需要若干支撑性计划，包括：结构工程施工进度计划、粗装施工进度计划、精装施工进度计划、材料物资采购计划、分包进场计划、设备安拆计划、资金曲线、单层施工工序、流水段划分等。这种日式网络总控计划，在体现穿插施工上有极大优势。结构—粗装—精装三大主要施工阶段的穿插节点一目了然。

根据总控网络计划及各分项计划，利用调整人员满足结构、装修同步施工的原则形成立体循环计划。

结构工序模块化以后，根据总控网络的粗装及精装穿插要求，将粗装及精装工序模块化，并将平面分区。1～4 号为住户，5 号为公共区域。从粗装开始，按户推进。按分项工程划分为八大类：结构、初装修、水电、隔墙板、地暖、外檐、精装、铁艺。

楼层立体穿插施工表现为：N 层结构，$N-1$ 层铝模倒运，$N-2$ 层和 $N-3$ 层外檐施工，$N-4$ 层导水层设置，$N-5$ 层上下水管安装，$N-6$ 层主框安装，$N-7$ 层二次结构砌筑，$N-8$ 层隔板安装、阳台地面、水电开槽，$N-9$ 层地暖及地面，$N-10$ 层卫生间防水、墙顶粉刷石膏，$N-11$ 层墙地砖、龙骨吊顶，$N-12$ 层封板、墙顶刮白，$N-13$ 层公共区域墙砖、墙顶打磨，$N-14$ 层墙顶二遍涂料、木地板、木门、橱柜，$N-15$ 层五金安装及保洁。$N-15$ 层以下锁门待交用。

根据总工期要求，优化结构施工工序，提前插入初装修、精装修、外檐施工，实现了总工期缩短 2 mon 的目标。

（11）使用铝合金模板提高工效、提高质量。

① 高平整度，提高观感质量，减少后期修补。铝合金模板面板主材使用 8 mm 厚铝材，平整度高，阴阳角极为方正，大大提高了混凝土浇筑后的观感质量，减少了后期修补。

铝合金模板施工后，墙面接缝平整，墙顶阴角接触好，使用钢模接缝及阴角打磨每层需要两个工人打磨两天，使用铝合金模板后只需要一个工人打磨一天。人工费 300 元/d，经统计可省去人工费 12 600 元。

②质量轻，可人工倒运，避免占用塔吊吊次。

铝合金模板单块最大质量不超过 20 kg，宽度不超过 40 cm，可利用烟风道孔洞进行人工倒料，避免占用塔吊吊次，极大地解放了塔吊。

③ 铝合金模板模数小，质量轻，安装拆除简易，可实现墙体和顶板同时浇筑混凝土，每层节约工期 1 d。

参考文献

[1] 任晓. 钢结构施工组织设计[D]. 成都：西南财经大学，2014.

[2] 史慧. 施工组织设计对钢结构工程项目成本的影响研究[D]. 郑州：郑州大学，2016.

[3] 钮鹏. 装配式钢结构设计与施工[M]. 北京：清华大学出版社，2017.

[4] 孙韬. 轻钢及围护结构工程施工[M]. 北京：中国建筑工业出版社，2011.

[5] 历光大. 装配式混凝土结构在住宅产业化中的应用研究[D]. 北京：北京建筑大学，2016.

[6] 宋亦工. 装配整体式混凝土结构工程施工组织管理[M]. 北京：中国建筑工业出版社，2017.

[7] 注册建造师继续教育必修课教材编写委员会. 建筑工程[M]. 北京：中国建筑工业出版社，2012.

[8] 王洪健. 施工组织设计[M]. 北京：高等教育出版社，2005.

[9] 全国建筑业企业项目经理培训教材编写委员会. 施工组织设计与进度管理[M]. 北京：中国建筑工业出版社，2001.

[10] 杨小平. 项目管理教程[M]. 北京：清华大学出版社，2012.